策略思考的
6 項修練

培養越級思考能力,全面性觀察,提前找出
並解決上游問題,用更少時間完成更多目標

The Six Disciplines of Strategic Thinking:
Leading Your Organization into the Future

麥克・瓦金斯(Michael D. Watkins)—— 著
曾倚華 —— 譯

高寶書版集團

目錄
CONTENTS

前　　言 005
序　　章　策略思考的力量 008
第 一 章　模式辨認 032
第 二 章　系統分析 056
第 三 章　思維敏捷性 090
第 四 章　結構化解決問題 114
第 五 章　願景規劃 146
第 六 章　政治敏銳度 172
結　　論　培養你的策略思考能力 204
致　　謝 219

前言

　　長久以來，策略思考對企業、政府和各種組織領導者都至關重要。在當今快速變化的全球環境中，預測與規劃未來、批判與創意地思考複雜問題，以及面對不確定性與變化並做出有效決策都是不可或缺的能力。

　　近年來，科技、全球化以及政治和經濟不穩定的發展，只會增加對策略思考的需求。技術變革的快速步調顛覆了傳統的商業模式，並為能夠妥善運用策略思考的人創造了全新的機會。全世界變得相互關聯、相互依存，這要求領導者得用更廣泛、更全球化的方式思考組織的營運和市場；另一方面，政治和經濟不穩定創造出更不確定、更動盪的環境，則使得領導者越來越難預測與規劃未來。

　　在這樣的背景下，策略思考變得比過去任何時候都更重要。能夠進行策略思考的領導者，將更能預測與應對這些挑戰，並充分利用它們帶來的機會。本書提供全面而實用的策略思考指南，給予各級領導者豐富的見解和工具。

雖然策略思考的基礎本質上依然是相同的，但人工智慧的發展卻會徹底改變企業領導者參與決策的方式。憑藉處理大量數據、找出模式和做出預測的能力，人工智慧有助於企業領導者獲得前所未有的見解和觀點，這將使領導者能夠做出更明智、更準確的決策，並且更有效地預測和規劃未來。

將來，高階領導者和人工智慧策略支援系統的結合，看起來或許會像是**共生關係**，人類領導者和人工智慧系統一起努力，加強決策、解決問題和制定策略。人工智慧系統可以為領導者提供即時數據、分析和見解，人類則能夠利用這些數據做出更好的決策、制定更好的策略。

在這樣的共生關係中，**領導者必須提出正確的問題，並正確解讀人工智慧所提供的見解和建議**。和往常一樣，領導者不僅要提供背景資訊和貢獻創意，更要有足夠的情商和政治頭腦接納與執行最終得出的答案。

隨著人工智慧的使用變得更廣泛，對於頂尖的商業領袖來說，開發新技能來運用這些系統會變得越來越重要。這其中包括了解技術及它所產生的數據，能夠解釋和分析它所提供的見解，並有能力根據這些見解做出決策。此外，領導者也需要了解自己使用的人工智慧系統背後的道

德和社會影響。

　　因此，當你閱讀這本書時，請謹記在心：書中所寫的策略思考六項修練是不可或缺的能力，隨著時代的進步，它們的重要性甚至會增加。當你一章章閱讀下去時，請想像一下，如果你所使用的是專為你的公司量身打造、經過最佳化，能與你有效配合的人工智慧系統，你又將如何運用本書中的想法與工具。

序章

策略思考的力量

2016 年，當吉恩‧伍茲（Gene Woods）擔任卡羅來納州醫療保健系統（Carolinas Healthcare System，CHS）的執行長時，該組織是一個備受推崇的非營利醫院系統，主要位於北卡羅來納州，年收入高達 80 億美元，擁有 6 萬名員工。伍茲是一位經驗豐富、有著一連串成功記錄的執行長，他接手了這個擁有良好利潤、AA 級資產負債表、充裕的臨床人才、資深領導團隊的強大組織。從表面上來看，這是可以維持的成功場面，但實際上暴風雨才正要來臨。

當時，美國的醫療保健服務面臨著巨大的轉變。即使在最成功的醫療保健系統中，支出也總是快速超過收入。政治動盪為監管政策變化帶來了許多不確定的因素，私募股權公司又在為許多下定決心要擾亂市場的新競爭對手提供資金。預見到這些挑戰，CHS 的董事會便聘請伍茲，好為組織的未來做準備。「我接手了一個在舊有規則下非常成功的組織。但在其他人看到成功的地方，我卻看到了巨大的弱點。」伍茲在為這本書接受深入訪問時說道。

那時，美國的醫療保健產業也正在經歷快速整合，而伍茲認為這個趨勢還會持續下去。雖然沒有面臨立即的危險，但他相信以 CHS 目前的商業模式是無法長期生存下去的。當他開始掌舵時，這個組織與附近其他的醫療系統簽

訂了管理服務協議。儘管 CHS 管理這些系統是採收費制的，但它們的整合非常鬆散。伍茲認為這類型的關係正在失去價值，因為它們並沒有達到最佳的資源共享，也沒有開創更大的經濟規模。他認為 CHS 的商業模式必須整合得更完善，才能應對未來預期中的挑戰。

CHS 當時正處於關鍵時刻。「我們究竟有沒有能力維持這些鬆散的附屬關係？我知道，我們很快就要對此做出艱難的抉擇。」伍茲說。「此外，儘管我們的核心企業實力雄厚，市場也在不斷增長，但隨著整合發生得太過快速，我可以預見，幾年內，我們就會被想要爭奪這項業務的大型系統所包圍。我們需要成為推動這個地區整合的人。如果我們不是發起整合的人，我們就會被別人整合。」

這個見解促進了伍茲所謂「下一代網路策略」的發展。他的願景是建立一個緊密整合的區域系統網路，具有一致的使命和文化，透過分享最佳資源、運用互補能力，並獲得大規模應有的效益來與對手競爭。

為了奠定這個願景的基礎，伍茲與當地其他醫療保健服務的執行長以及社區和政府展開了合作。同時，他也在 CHS 內部展開了轉型措施，旨在發展出新的合作模式，以及能輔助該模式、更具適應力的文化。

「我們一直以來都是由上而下的模式：『我們管理你，所以就按我們說的去做』，」伍茲說，「我知道這無法帶我們到達想去的地方。就文化來說，我們需要不斷發展，來輔助新的合作模式。」

五年過去，到了 2021 年底，CHS（已更名為 Atrium Health）已經發展成一個龐大的區域醫療保健系統，業務遍及北卡羅來納州、南卡羅來納州、喬治亞州和維吉尼亞州。他們與附近的三個醫療保健系統聯手，Atrium Health 的年收入增加到 120 億美元，並增加了 1.7 萬名員工，使員工總數來到 7.7 萬人。這是一個經過轉型的組織，在新團隊的領導下，注入了包容力和高績效型的文化，準備達成進一步的成長。他們與著名的學術醫療系統 Wake Forest Baptist Health 聯手，以世界一流的研究能力提升了 Atrium Health 的卓越臨床能力。這個組織有能力成為全美公認的領導者，引領新醫療保健模式的發展。然而，伍茲並不滿足於此。

2022 年 5 月，伍茲和在威斯康辛州與伊利諾州營運的大型非營利系統 Advocate Aurora Health 的執行長吉姆‧史柯柏格宣布有合併的意願，震驚了整個美國的醫療保健

業。[1]這項合併在 2022 年底獲得美國聯邦貿易委員會和各州批准，Advocate Health 成為美國第五大的非營利醫療保健系統，擁有 15.8 萬名員工、270 億美元的收入、67 家醫院和 1,000 多個提供臨床服務的據點。伍茲和史柯柏格會成為這個新單位的聯合執行長，史柯柏格則宣布他打算在十八個月後退休，屆時伍茲將成為唯一的執行長。

從一個中等規模的地方醫療保健系統，到一個國家級的巨大組織，這段旅程的主導者伍茲正好展現了策略思考的力量。如果你想要領導一個企業，你就得像伍茲一樣，成為一名策略思考者。成為一個可靠的經營者，你是可以在組織中走得更遠，但如果沒有策略思考，你永遠不會在更高的位置成功。為什麼？因為不是由策略思考者領導的企業，會被策略思考者所領導的企業打敗——不是被收購，就是衰亡。因此，董事會選擇具有強大策略思考能力的人，好在布滿岩石和淺灘的水域中，為他們的企業訂定航行路線。如今，每個企業都在面臨這樣的挑戰。

2013 年，管理研究小組針對 140 個國家、26 個產業的 6 萬名經理和高階主管進行了一項調查。調查結果顯示，具

---

1 Samantha Liss, "Advocate Aurora, Atrium Health to merge, creating $27B system", *Healthcare Dive*, 11 May 2022.

有優秀策略思考能力（在此調查中的定義為批判性分析、預先思考與規劃）的受訪者，被同事視為高效領導者的可能性，是其他受訪者的六倍。[2] 這些人在組織內被人認為具有強大成長潛力的可能性，也是其他人的四倍。領導力培訓顧問公司 Zenger Folkman 在 2021 年所公布的最新研究也支持這個調查的結論。Zenger Folkman 在三個獨立的研究中發現，擁有「策略眼光」與晉升高層之間存在著強烈的關聯性。[3]

重點：策略思考是通往高層的快車道。如果現在的你不認為自己是足夠強大的策略思考者，那麼好消息是，你可以學習成為這樣的人。像伍茲這樣的領袖，無疑是具有天賦的，但他們也努力發展自己的能力以領導組織走向未來。在這本書中，我會教你具體的方法。我會幫助你評估自己與生俱來的策略思考能力，並學習透過經驗和訓練來增強這種能力。

---

[2] Robert Kabacoff, "Develop Strategic Thinkers Throughout Your Organization", *Harvard Business Review,* 7 February 2014.

[3] Zenger Folkman, "Developing Strategic Thinking Skills: The Pathway to the Top", https://zengerfolkman.com/articles/developing-strategic-thinking-skills-the-pathway-to-the-top/ ,8 February 2021.

策略思考是什麼？

很多人試著定義「策略思考」，但是目前還找不到最好的方式來描述這個詞彙。我請超過 50 個資深主管、人資主管和學習與發展專家來定義這個詞，而他們給我的答案最終都會回到同一個結論：「當我看到的時候就會知道。」他們認為，策略思考對資深領導者來說，是一個獨特且必要的能力，但除此之外，定義就變得很模糊。對有些人來說，策略思考是有辦法吸收許多資訊，並區分出重要與不重要的東西。對另一些人來說，這代表善於思考行動與對策。還有一些人認為，這代表能預見未來。這些回答當然都有共通點，但是並沒有一個綜合性的定義。

由於沒有好的定義，評估和培養策略思考能力變得相當困難。我們只能先把這項技能的特定基礎獨立出來，才能設計出可行的方法來評估並強化策略思考。

好消息是，當我更深入訪問商業領導者時，共通點就逐漸浮現了。根據那些洞見，我衍生出了這樣的定義：

策略思考是一組心理修練，領導者藉此來辨認潛在威脅與機會、建立關注的優先順序，推動自己與組織預見可

行的方向，並往該方向前進。

　　簡單來說，這代表將眼光放遠，跳出現在的處境，進行批判與創意思考，想像更多潛在的未來。根據你對未來各種假設情境的判斷，找出潛在的風險與機會，你就可以發展出可靠的策略，並帶領組織繼續前進。

　　另一方面，要被人視為策略思考者，你需要的不只是能力，還需要**機會**。你也許擁有潛力，但如果你扮演的角色沒有讓你發光的機會，你永遠不會得到認可。許多高階職位不需要太多策略思考，有較強的分析能力、解決問題的能力和執行力就夠了。想得到能夠展現策略思考能力的職位通常都需要強烈的政治手段。策略者往往非常善於抓住施展策略的機會。然而，策略思考者想得到認可與發展十分依賴機會和政治手段，賭注相當大。

> 反思：在整本書中，你都會遇到這樣的提問。這些提問會邀請你暫停閱讀並考慮幾個關鍵問題。當你讀到我對策略思考的定義時，它與你的能力有什麼關係，你又該如何進一步發展這些能力？

策略思考與批判性思考

批判性思考是策略思考的要素與基礎技巧，但光有這一點還不夠。批判性思考是有邏輯地、有系統地評估資訊和論述的能力。這包含了搜集與評估事實，辨認出假設與偏誤，並評估論述的強項與弱點。在這本書後面的篇幅裡，我會提到策略思考也包含了期待、創意、願景、目標設定與執行。除了批判性思考之外，策略思考者能夠預測並計畫未來，有創意地思考複雜的問題，並在面對不確定性與改變時做出有效的決定。

策略思考與創意思考

創意思考是產生創新想法的能力，它代表跳出框架、質疑假設和挑戰現狀。創意思考是策略思考的另一個重要元素，它可以讓領導者產生新的想法和觀點，為他們的戰略決策提供資訊。對想要保持領先地位的領導者來說，在當今瞬息萬變的商業環境中，創意思考能力只會變得越來越重要。在《創意自信帶來力量》一書中，湯姆和大衛・凱利表示，每個人都可以學習變得更有創意，並提供了具

體的方法。[4] 培養創意思考能力，也是在發展你的策略思考能力，將使你更準確地預測未來趨勢，並開發充滿創意的方法來運用它們。

策略思考與設計思考

策略思考和設計思考都是用來解決問題的，但它們之間有著重要的差異。策略思考包括分析一個組織的現況與環境，找出挑戰與機會，並發展出一套行動計畫來達成目標。相反地，設計思考則是理解顧客需求的創意過程，並發展出解決方案，來滿足這些需求。如同《設計思考：理解設計師的思考與工作》中，奈吉爾・克羅斯所做的總結，設計思考包含同理末端使用者、定義問題、產生想法、設計解決方案的原型，並測試這些方案的可行性。[5] 策略思考專注在達成組織的長期目標和做出有效的決定，設計思考則專注在創造新的解決方案來滿足客戶。

---

4 Tom and David Kelley, *Creative Confidence: Unleashing the Creative Potential within Us All*, Currency, 2013.
5 Nigel Cross, *Design Thinking: Understanding How Designers Think and Work*, Bloomsbury Visual Arts, second edition, 2023.

策略思考與情境感知（contextual awareness）

最後，要成為一個強大的策略思考者，你必須深入了解你所在的營運環境。這意味著你必須深入了解組織的內部環境，如文化、結構和資源。這樣的洞見會使你能夠評估組織的優勢和劣勢，並制定與組織能力相符的策略。你也必須了解外部環境，包括會影響組織的經濟、政治、社會和技術因素。這會幫助你預測與規劃周圍的變化，並發現新的成長機會。

此外，你也必須深入了解各種利害關係人（例如客戶、股東、員工和監管機構）的期望和需求。這些知識能使你預測和規劃這些利害關係人的需求，並制定出符合他們期望的策略。

了解你的業務背景，能使你更有效地預測和規劃未來，辨認成長機會，並制定適合的策略，來配合組織營運的特定環境。這意味著你必須認真吸收和整理資訊，了解你的組織營運的外部環境。

策略思考為何如此重要？

如果商業世界是仁慈、穩定又好預測的話，策略思考就沒有存在的必要了；但是，現實並非如此，它既充滿了競爭，風險也非常高。在這樣的環境中，想要做出正確的決策來創造或保持成功是非常具有挑戰的任務，領導者必須帶領組織行經越來越湍急的水域。高風險與高挑戰的環境，讓策略思考變得十分重要。

想要體會到這件事，我們需要先認識像 Atrium Health 的吉恩・伍茲這類的領導者所面臨的心智挑戰的本質。具體來說，他們面臨四個方面的困難：易變性（volatility）、不確定性（uncertainty）、複雜性（complexity）和模糊性（ambiguity），它們通常會縮寫成 VUCA，這個術語可以追溯到 1980 年代中期，沃倫・班尼斯和伯特・納努斯的文獻，隨後被美國陸軍採用，又更廣泛地運用在領導力上。[6]

雖然 VUCA 聽起來很不錯也很容易記住，但我認為

---

6 Warren Bennis and Burt Nanus, *Leaders: The Strategies for Taking Charge*, HarperBusiness, 2004. 有關美國陸軍採用和詳細闡述其歷史的說明，請參閱 Who first originated the term VUCA (Volatility, Uncertainty, Complexity and Ambiguity)?, U.S. Army Heritage and Education Center, usawc.libanswers.com/faq/84869. 關於對商業的影響性的最新討論，請參閱 Nate Bennett and G. James Lemoine, "What VUCA Really Means for You", *Harvard Business Review*, January-February 2014.

應該調整詞語的順序，將複雜性放在前面（把縮寫變成CUVA）。複雜性、不確定性、易變性和模糊性是相互關聯的，而提升自己其中一個面向的能力，能幫助我們理解和解決其他面向的問題。複雜性是大多數領導者面臨的核心挑戰。了解組織和業務環境的複雜性，你就可以預測並理解關鍵的不確定性，這能幫助你回應易變性並處理模糊性。

- **複雜性**：代表某個領域（例如開發新產品）有許多相互關聯的變項，難以用人類有限的認知能力去理解。一個擁有數萬名員工、每天在數百個設施中使用多種技術和數十個流程，為數千名患者提供醫療服務的組織，本身就具有高度的複雜性。複雜性使領導者很難為組織建立和維持良好的「思維模型」，並在發生變化的情況時做出合理的預測。**策略思考者善於駕馭複雜性，因為他們了解系統是如何運作的，並能把注意力集中在真正重要的事情上。**

- **不確定性**：代表面對具有一系列明確的潛在結果，卻無法完美預測即將發生之特定事件的情況。而且無論你投入多少努力來收集更多資訊，情況都是如

此。通常,這是因為許多小因素都會影響結果。就美國的醫療保健而言,對產業產生重大影響的政府法規,可能會根據國家和州際選舉的結果而發生截然不同的改變。**策略思考者會找到最重要的不確定性,思考此事件發生的機率並探索可能出現的情境。**

- **易變性**:代表重要的事情(例如石油價格)會產生快速的變化。這會使人難以追蹤正在發生的事情並適應其中的變化。以醫療保健為例,在最賺錢的領域中,也許會憑空出現競爭對手,連帶使現有的商業模式變得過時。技術創新的密集步伐需要我們知道什麼時候該調整以及如何調整。**策略思考者能夠快速意識並找出方法應對新出現的威脅與機會。**

- **模糊性**:代表組織內部對於大家應該關注哪些問題有不同的觀點,對於不同解決方案的可能性或許也存在相互對立的角度。也就是說,利害關係人對於「正確」的作法有不同的看法。例如,美國的醫院系統正面臨著巨大壓力,需要降低成本、提高財務能力和降低醫療費用負擔。從病人的角度來看,有

更負擔得起的照護當然是好的，從醫院管理人員的角度來看，他們則希望能用更少錢做到更多事，而這可能會迫使他們做出艱難的權衡。**策略思考者會在不同的利益和觀點之間進行協商，好建立起共同的問題「框架」與協議。**

直至今日，這四個面向依然影響著每一個企業，使得領導者很難規劃出正確的前進道路，而且隨著技術、社會和環境的變化，這些挑戰的強度也在增加。這意味著策略思考的重要性正在與日俱增。

> 反思：你和你的組織面臨了多少複雜性、不確定性、易變性和模糊性所帶來的挑戰？這當中的哪些面向為你帶來了最大的挑戰？

對策略思考的誤解

對策略思考做出正確又有效的定義，能夠幫助我們釐清對它的誤解。許多人更傾向專注在「策略」的部分，而不是「思考」的部分。

策略思考不是競爭分析。競爭分析是用一個框架（舉例來說，麥可・波特的「五力分析」[7]）來分析同業競爭對手，並將它套用到你的組織環境，以深入了解重要的事和該做的事。**競爭分析通常是策略思考一個相當必要的資訊來源。**

策略思考不是策略規劃（strategic planning）。策略規劃是組織用來定義策略的過程，包括決定做與不做什麼事、分配資源給各項活動，以及創造與策略相符的標準。**策略思考可為策略規劃提供大量資訊，也可能會大幅影響計畫的形式。**

雖然競爭分析和策略規劃都是重要的活動（也有很多書、文章和課程在講述這兩者），但它們和策略思考不同。競爭分析和策略規劃都是演繹與分析性的，策略思考則是歸納與統整。此外，競爭分析和策略規劃通常都是組織整體的過程，但策略思考更依賴個別領導者以正確的思考模式，得出可操作的見解與可靠的策略。

---

[7] C. Basu, "The Importance of Porter's Diamond & Porter's Five Forces in Business", Houston Chronicle, 30 August 2021.

好的策略思考者是天生的還是養成的？

和大多數的人類天賦一樣，答案為「以上皆是」。你身上某個與生俱來的元素（天賦）也許會限制你成為策略思考者的潛力，但就如上述所說，有效的策略思考不只是分析原始數據的能力而已。情商、創意、和他人有效溝通與合作的能力也扮演著重要的角色。有些商業領袖理解並有辦法管理自己和他人情緒，能夠創意思考、發想新的點子，並有效與他人溝通和協作，這樣的人更有可能成為高效的策略思考者。

不管你的天賦如何，正確的經驗與訓練都可以幫助你發展這個潛力。舉例來說，你決定成為一名馬拉松跑者，你的基因（擁有較高比例的慢縮肌纖維與更好的肺活量）也許會讓你更容易成為一名強健的馬拉松跑者[8]，但如果你不常跑步也不規律訓練自己運用適當的技巧，你極有可能輸給那些天生潛力較少但更有紀律的人。

也許你就是那些幸運兒，天生就是策略思考者。你誕生時就帶著天生的分析能力、情商與創意潛能，可以成為

---

8 D. L. Costill, W. J. Fink and M. L. Pollock, "Muscle fiber composition and enzyme activities of elite distance runners", *Medicine & Science in Sports & Exercise*, Volume 8, Issue 2, summer 1976.

優秀的商業領袖。但更有可能的是,這並不是你的故事。別灰心,因為策略思考是一個能夠培養出來的能力。雖然天生的能力有幫助,但是每個人都可以學著把這件事做得更好。你只需要知道如何自我進步,並有紀律地敦促自己去實踐。

有一個等式能夠定義你的策略思考能力:

策略思考能力＝天賦＋經驗＋訓練

天賦就是在你的基因與成長環境中扎根的能力,**經驗**來自你參與能養成策略思考的情境,**訓練**則是你用來打造策略思考肌肉的心智工作。

許多領導者難以獲得等式中的**經驗**,因為他們沒有機會展示並發展自身的潛力。這表示你得有意識地尋找新的挑戰和責任。這也許代表接受新的專案、領導跨領域團隊,或是探索需要更多策略思考的新角色。接受新的挑戰,你就會處在全新的、豐富的經驗之中,這樣可以幫助你拓展視野,並發展你的策略思考能力。

至於**訓練**的部分,本書會提出能夠強化策略思考能力的建議,並在最後作出總結。

人格特質扮演怎樣的角色？

策略思考奠基在認知與情緒潛能上，但人格特質也占有一席之地。有三個必要的人格特質，能讓人更容易成為強大的策略思考者。首先，對新的經驗抱持開放態度，好的策略思考者會適應新環境，並把新資訊結合到他們的評估裡。第二，無法動搖的自信，相信自己能預判並主動創造自己與組織的未來，而不只是對冒出來的發展做出反應。第三，有想贏的衝動，野心是傑出的策略思考者必備的特質。

策略思考的六項修練

這本書奠基於我自身的信念，並得到了研究和實務經驗支持，可以培養你的策略思考能力。如果你得到正確的經驗，又做了正確的訓練，就能逐漸增加策略思考能力。這會幫助你爬到頂端，並帶領你的組織走向未來。

在接下來的章節中，我會探索策略思考的六項修練。這些修練能幫助你辨認出前方的挑戰和機會，決定重要事項的優先順序，並驅動你的組織主動迎戰。

前三項修練，是你**辨認**與**優先考慮**組織所面臨的挑戰與機會的基礎：

修練一：模式辨認（pattern recognition）。你有能力觀察充滿複雜性、不確定性、易變性與模糊性的企業情境，快速找出哪些事重要、哪些則否，並辨認重要的威脅與機會。

修練二：系統分析（systems analysis）。你有能力在腦中把複雜的情境建構成系統，並運用這些模組來辨認出模式、做出預測並發展可靠的策略。

修練三：思維敏捷性（mental agility）。你有能力運用不同層次的分析去探索企業的挑戰，並預測其他利害關係人追求各自目標時的行動與反應。

另外三項修練，則會強化你**推動**組織有效面對挑戰與機會的能力：

修練四：結構化解決問題（structured problem-solving）。你有能力帶領組織找出問題的框架、發展有創意的解決方案，並以最有效率的方式做出艱難的抉擇。

修練五：願景規劃（visioning）。你有能力去想像遠大、可實現的潛在未來，並使你的組織有動力去實現它們。

修練六：政治敏銳度（political savvy）。你有能力理解影響力在組織中是如何運作的，並能夠運用這些見解與重要的利害關係人建立同盟。

接下來，我會探索這六項修練的本質以及培養它們的方式。在這本書的最後，我會將這些建議濃縮成一套「練習方案」，幫助你成為更強大的策略思考者。

人工智慧與策略思考的未來

人工智慧的發展將會繼續擴大並強化人類的策略思考能力。機器學習系統在廣泛與特定商業知識領域所受到的訓練，以及在自然語言介面上所得到的資訊，正在革新領導者進行策略思考的過程。人工智慧取得巨量資訊、辨認模式並做出預測的能力，會幫助領導者得到全新的洞見與眼光，這些是以前辦不到的。

領導者越來越需要與人工智慧驅動的策略系統共生，以強化做決策、解決問題與發展策略的能力。這些系統能

提供即時資訊、分析與洞見,同時也能模擬不同情境,提供數種選項與建議。

幸運的是,至少到目前為止,上述六項策略思考的修練對商業領袖(就像你!)而言依然很重要。在這些人類與人工智慧共生的關係中,領導者同樣需要用這六項修練來提出正確的問題,並解讀人工智慧夥伴所提出的洞見和建議。更重要的是,你需要提供背景資訊、貢獻創意,並運用你的情商與政治敏銳度來適應並實施決策的結果。

> **更多學習資源**
>
> ・《創意自信帶來力量》(*Creative Confidence: Unleashing the Creative Potential Within Us All*),湯姆・凱利(Tom Kelley)、大衛・凱利(David Kelley)
> ・《設計思考:理解設計師如何思考與工作》(*Design Thinking: Understanding How Designers Think and Work*),奈吉爾・克羅斯(Nigel Cross)

第一章

模式辨認

模式辨認是人類大腦的一種能力，可以辨認並找出我們周遭世界中的規律或模式。這是人類認知的重要基礎，讓我們能在不斷轟炸的龐大資訊中找出「脈絡」。人類的模式辨認是一個複雜的動態過程，包含許多不同的認知功能，例如感知、注意力、記憶與理性。這使我們能辨認出熟悉的景物和場面，對世界做出預測與推論，然後從經驗中學習。

在商業中，模式辨認則是觀察你的組織所面臨的複雜性、不確定性、易變性與模糊性，並找出重要的問題。策略思考者具有強大的思維模式，能在自己的專業領域中找出因果關係，例如顧客行為、經濟走向與市場狀態。

發展模式辨認的能力，你將更能感知眼前的商業挑戰與機會。因此，你可以更快速地開始為其安排優先順序，並驅動你的組織透過消除威脅來防止價值崩盤，或好好利用機會來創造價值，或是結合以上兩者的結果。

我們可以從圖一中看出，策略思考是一個藉由辨認（recognize）、排序（prioritize）、行動（mobilize，與前兩項合稱 RPM）應對挑戰和機會的循環過程。在這個過程中，首先需要辨認出問題，接著找出最重要的問題，然後帶領組織解決這些問題。快速走過這個循環會帶來極高的

價值，因為這有助於你（和你的團隊）比競爭對手進展得更快。

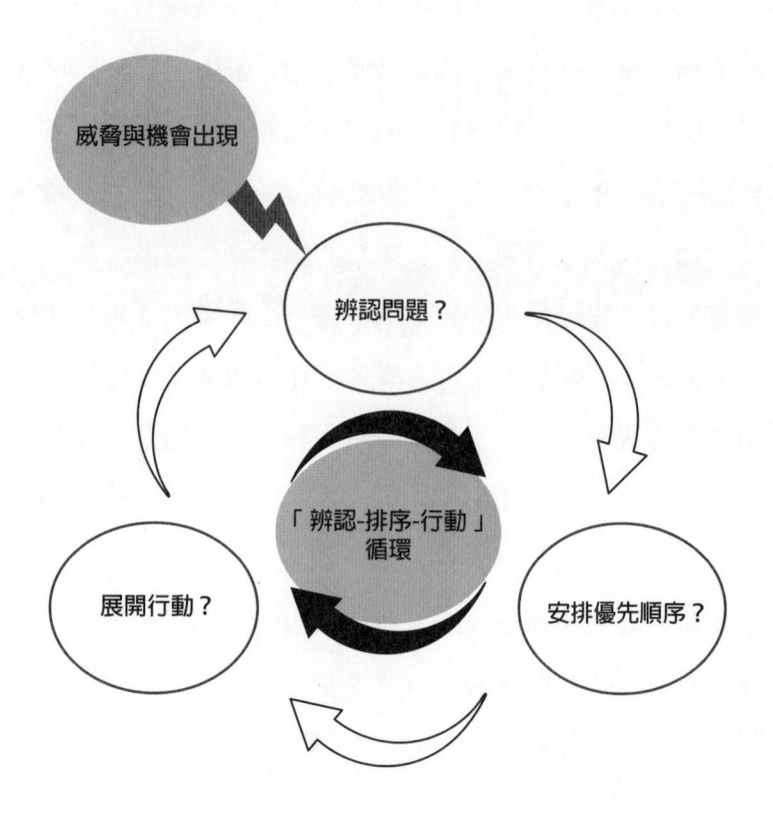

圖一：「辨認－排序－行動」（RPM）循環

如序章裡所描述的，吉恩・伍茲有著強大的「辨認－排序－行動」能力。2016年，當他被任命為CHS的執行長時，他就預見了美國醫療保健領域會因為收益下滑、規範不夠明確，以及由私募資金贊助的新進對手出現，導致併購與收購活動大幅提升。看見這些新出現的模式，伍茲得出結論，整合這個產業的時機已經成熟了。

他很快就意識到，許多同業的執行長也看出了其中的潛力，但是沒有接手的目標或計畫。「許多人都專心在應付市場的大幅變動，」伍茲說，「而這成為了一場提醒大家提高警覺的喊話，並創造了新的機會。」伍茲快速辨認出機會，並為他的組織畫出了一條可靠的道路。2018年，CHS與喬治亞州的醫療保健系統Navicent Health合併，並重新命名為Atrium Health。這間擴大的公司，接下來又完成了幾次收購，而在2022年，它與序章中提到的另一個大型組織合作，成為了美國第五大非營利醫療保健系統。

模式辨認為何如此重要？

如果你辨認不出威脅和機會，就不能安排優先順序，也無法驅動組織去面對它們。和大多數的管理者一樣，你

很可能需要帶領公司經歷競爭、科技與社會的快速改變。同時，你也承受著巨大的壓力，需要提升績效並帶領組織轉型。在這樣挑戰性的時刻，你也會更常面臨消化心智活動的挑戰。你必須要能分析快速發展的情境，預測它們的軌跡，並據此調整你的策略。

這就是模式辨認派上用場之處。洞見就是力量。如果你能快速在複雜又不斷改變的環境中找出模式，你就能比你的競爭對手更快且更有效率地做出反應。

> 反思：在你的日常工作中，模式辨認有多重要？哪些模式會帶來最多成果？你覺得自己能多有效率地辨認出它們？

西洋棋或圍棋這種策略遊戲，就是需要運用模式辨認取得成功的典型領域。西洋棋大師比一般棋手優秀的其中一個關鍵，就是他們能夠找出棋盤上重要的模式，並把它們用在自己未來的棋路裡。西洋棋大師亞瑟・范・德・奧迪維特林在《提高你的西洋棋模式辨認》一書中指出：「模式辨認是提升棋藝最重要的機制。發現棋盤上的布局與你以前見過的布局相似，就能幫助你快速掌握棋局的本質，

並找到最有希望的棋路。」[9]

另外，為了玩策略遊戲而開發的電腦程式的發展，進一步突顯了模式辨認的力量。1997年，IBM的「深藍」成為了第一個打敗世界棋王加里・卡斯帕羅夫的電腦系統。「深藍」的優勢來自於強大的運算能力，它能運用高速機器尋找所有可能的步數與對抗組合。這個引擎每秒可以評估2億個棋局，並搜尋接下來6～8步的棋路，在某些狀況下甚至可以達到20步或更多步。

如今，最優秀的象棋引擎會結合暴力算法與深度學習演算法在神經網路上進行運算。[10] 在更有挑戰性的策略遊戲中，這種類型的系統表現得越來越優於人類。2017年，由Google的DeepMind團隊打造的深度學習系統AlphaGo便擊敗了世界頂尖的圍棋高手柯潔。[11]

好消息是，截至目前為止出現的人工智慧系統，都是用來增加和強化商業領袖的模式辨認能力以及其他的策略思考能力，而不是用來取代它們的。這是因為你的工作領

---

9 Arthur van de Oudeweetering, *Improve Your Chess Pattern Recognition*, New in Chess, 2014.
10 D. Silver, J. Schrittwieser, K. Simonyan et al., "Mastering the game of Go without human knowledge", *Nature*, Volume 550, 2017.
11 See Jon Russell, "Google's AlphaGo AI wins three-match series against the world's best Go player", *TechCrunch*, 25 May 2017.

域不只存在複雜性和不確定性,同時還具有易變性和模糊性。想要有效地與人工智慧系統共生,你就需要擁有在雜訊中分辨重要模式的能力,並運用這些洞見找出最重要的問題,提出正確的疑問,為行動安排優先順序,帶領組織展開行動。你的創意與遠見,在競爭越發激烈、科技越發進步、政治與環境越發危險的時代裡,也依然有著重要的價值。

模式辨認如何運作?

擅長模式辨認的主管,會把他們對世界做出的觀察,和他們記憶中的模式做出對應。這幫助他們快速辨認出有哪些重要的事需要關注。策略思考者會利用他們的思維模型為發生的事找出合理的解釋,並把洞見轉化成行動。

最好的狀況下,模式辨認包括的不只是辨認我們身邊所發生的事件。這意味著要理解它們背後更廣大的重要性,並預測已經相當動盪的商業領域會如何進化。

奇異公司前任執行長傑克・威爾許是美國最具影響力的商業領導者,他曾說過:「懂得洞察先機是好領導者的獨特之處。不是每個人都具備這種特質。不是每個人都能預

測未來的發展。」[12]

強大的策略思考者會藉由處理大量資訊，快速有效地判斷什麼才是複雜的商業環境中最關鍵的要素，而他們在長期記憶中發展出的思維模型也使他們可以從雜訊中感知微弱但重要的信號。他們在面對強烈的不確定性時，能夠根據不完整的資訊做出決定。

想要成為好的策略思考者，你必須盡力發展出強大的思維模型，尤其是在你的商業領域中最重要的範圍內。這麼做將幫助你處理更多資訊，避免在認知處理能力過窄的情況下失去焦點或被混淆。研究顯示，過量的資訊會耗盡我們的能量與自制力，破壞我們的決策能力，並使我們更難與人合作。[13]

想要發展模式辨認能力，理解大腦有兩個基本的思考「系統」會有所幫助。諾貝爾獎得主丹尼爾・康納曼在《科學人》中談論他的著作《快思慢想》時如此描述：

---

[12] Jack Welch commenting on shipping magnate Cornelius Vanderbilt's decision to invest in railways, Episode 1 – "A New War Begins" – of the 2012 History Channel mini-series The Men Who Built America.

[13] See Srini Pillay, "Your Brain Can Only Take So Much Focus", *Harvard Business Review*, 12 May 2017.

系統一的功能包括我們與其他動物共同享有的先天技能。我們生來就準備好要感知周圍的世界、辨認物體、調整注意力、避免損失，還有害怕蜘蛛。透過長期的練習，其他心智活動就會變得快速且自動化。[14]

系統一是在背景運作的，快速又自然，幾乎不會用到意識思考，但是它很容易出現偏見和錯誤。系統二則更慎重、更緩慢也更具分析性。康納曼在同一篇文章中也寫道，「系統二將注意力分配給需要更費力的心智活動，包括複雜的運算。系統二的運作通常與介入、選擇和專注的主觀體驗有關」。當你專注在具有挑戰性的認知任務（例如數學）時，系統二便會採取行動。當它發現某個模式，例如對新來的刺激感到驚訝時，它就會「控制」你的注意力。

如果要說明得更清楚，假設你是一位金融服務公司的執行長，已經為貸款損失準備好了預備金，好對沖你認為即將到來的經濟衰退。然而，你們的季度業績超出了預期。當你消化這些數據時，你的系統二便會挖掘你的長期

---

14 Daniel Kahneman, "Of 2 Minds: How Fast and Slow Thinking Shape Perception and Choice [Excerpt]", *Scientific American*, 15 June 2012.

記憶，尋找你以前經歷過的類似模式。（可能是政府刺激或就業人口增加，從而降低借款人的違約率。）然後，你會開始在腦中建立起一個概念，以幫助你記住、理解和傳達你所「看到」的內容。

利用這些見解，你就可以透過所謂的「聯想活化」來展望未來。對一個想法（例如，政府刺激）的處理，會立刻激發儲存在你長期記憶中的相關想法（例如，量化寬鬆的貨幣政策、流動性、通貨膨脹）。這會帶來「啟動」反應，當你面對某種刺激時，這會加速你的認知處理和記憶提取，進而對相關刺激做出更快的反應。啟動就像水中的漣漪，會帶來許多聯想，進而「活化」其他想法。

這種心理啟動在商業領導力領域中是怎麼運作的？想像你管理著一間表現不佳的公司，不僅銷售和利潤下滑，股價也在下跌。當你看見這些糟糕的結果時，你可能會想起那些相信自己能夠解決公司問題的積極投資者。因為你的大腦已經準備好思考這些訊息，所以當你看到潛在的挑戰出現時（例如對沖基金購買公司更多的股份並爭取董事會的席位），你就可以快速思考，並迅速做出反應。本質上來說，你會更容易感知和應對新出現的威脅與機會，而這正是策略思考的基石。

也許你根本不會意識到這一切正在發生,因為你的大腦主要是由系統一掌控,它會快速而自動地行動。因此,你必須專注發展系統二的能力,作為你更廣泛的練習方案,好強化你的策略思考能力。

> 反思:如何才能更有意識地觀察自己有沒有使用康納曼的系統二思考模式?

模式辨認能力有哪些限制?

在發展模式辨認能力時也該知道它有哪些限制,以避免落入某些常見的陷阱。無法辨認基本的認知局限就是一種陷阱。你不該期待自己能夠感知並回應影響公司的每一個重大發展。所有人的注意力都是有限的,過度專注於某項任務會讓人對那些通常能吸引你目光的事物視而不見。

有一個經典的例子,就是克里斯・查布利斯和丹尼爾・西蒙斯所進行的「隱形大猩猩」實驗。他們要求哈佛大學心理課的學生觀看一段影片,並計算球員傳球的次數。影片裡有個穿著大猩猩套裝的人搥著胸口走過,但是超過一半的參與者完全沒有注意到。即使後來他們告訴學

生影片裡有隻大猩猩，他們也無法回想起牠的存在。[15] 他們的注意力集中在研究人員要他們優先注意的活動上，幾乎沒有多餘的能力察覺非常新奇的刺激。

這是演化生物學所留下的能力，我們會優先考慮最重大的威脅和最有希望的機會，好提高我們的生存機會。在商業中，專注力能使領導者專注於最關鍵的任務，而不會被大量的刺激所淹沒，但它也有潛在的缺點，當世界變得更加複雜和混亂時更是如此。

矛盾的是，這意味著要更小心選擇性注意力的陷阱。如果你能多花一些時間進行評估和反思，你會更容易發現重要的模式，而不會被閃閃發光的目標分散注意力。與大多數主管一樣，隨著科技、社會和生態發展的加速，你可能要面臨越來越多的時間需求，以及越來越複雜的挑戰，而這正好強調了增強模式辨認的重要性。

除了意識到認知局限性與選擇性注意力的危險，重要的是必須理解我們很容易受偏見影響，這些偏見會阻礙我們感知最關鍵的威脅和機會。納西姆・尼可拉斯・塔雷伯在《黑天鵝》中寫道，領導者始終看不到重大但不太可能

---

15 See "Bet You Didn't Notice'The Invisible Gorilla'", *NPR*, 19 May 2010.

發生的威脅（想想 2008 年的全球金融危機）或機會（加密貨幣和區塊鏈這類革命性技術出現）。[16]

如果無法意識到自己在收集和詮釋資訊時存在偏見，模式辨認能力就不可能進步。康納曼將人類的思考稱為「一台急於下結論的機器」。缺乏良好的資訊會導致我們做出假設，如果這些假設還算好，而且最後就算錯了也不會付出太多代價，這種思考捷徑確實有助於在沒有全面了解的情況下駕馭複雜的事件。[17]

然而，你仍然必須努力避免最典型的陷阱，例如**確認偏誤**，它會使你傾向尋找與你先前擁有的觀點一致的新資料，或者去回憶能證實你現有理論的證據。

另一種相關的偏見是**敘事陷阱**，也就是去辨認根本不存在的模式。我們天生就會嘗試透過建構故事和找出因果關係來「理解」複雜的、看似不同的事件。最好的例子請參考財經新聞媒體。人們常說銀行股在利率上升的「推動下」快速上漲，但這種分析並不能解釋巧合，或是可能無法控制重要的影響變因。

---

16 Nassim Nicholas Taleb, *The Black Swan: The Impact of the Highly Improbable*, Random House, 2007.

17 See Daniel Kahneman, *Thinking, Fast and Slow*, Farrar, Straus and Giroux, 2011.

還有一個確認偏誤叫**光環效應**，正如菲爾·羅森維格的同名著作中所描述的那樣。[18] 一個人（或公司）的某個重要層面，會以不受事實支持的方式塑造整體看法。羅森維格對光環效應的研究顯示，它會強烈地扭曲我們對公司績效的看法。他解釋說，人們通常認為一家財務表現強勁的公司擁有健全的策略和強大的領導力。然而，當業績下滑時，我們常常很快就得出結論，認為其策略不健全，或是執行長變得太傲慢。有形的整體表現會產生一個整體印象（光環），告訴我們哪些枝微末節的元素對公司績效造成影響。或者，正如羅森維格所說，是我們搞混了資訊的輸出和輸入。

一廂情願的想法，或者更正式的名稱**沉沒成本謬誤**，也是重要的認知偏誤。它會導致我們將寶貴的資源投入到虧損的項目中，徒勞地想要挽回先前的損失。這種「雙倍下注」的傾向，一直是許多金融醜聞的核心，例如無良的金融交易員讓自己陷入規模越來越大、風險越來越高的惡性循環中時，這些賭注在某些情況會導致整個機構的失敗，甚至是全球性的危機。

---

18 Phil Rosenzweig, *The Halo Effect . . . and the Eight Other Business Delusions That Deceive Managers*, Free Press, 2007.

最後，當事情出錯時，我們也要避免責怪他人。將負面結果歸咎於外在因素，同時將正面結果歸功在個人身上，是人類的自然傾向，心理學家稱之為**自私偏見**。它可能會加強人們對個人成功和政治權力的看法，但也有可能會影響判斷，從而導致潛在的災難性錯誤。策略思考者會想辦法避開尋找替罪羔羊的衝動。相反地，他們會去挖掘並改革導致績效不佳的結構。他們會充滿好奇心，並對挑戰的各種潛在解決方案保持開放的態度。

這意味著，如果你在收集和詮釋資訊時存在嚴重的偏見，你就無法評估組織快速變化的現實。正如格言所說，「進來的是垃圾，出去的還是垃圾」。你會無法準確辨認潛在的威脅和機會，也無法利用這些見解為公司設想和制定正確的行動方案。

你必須學會辨認並避免常見的認知偏見，但這還不夠。除了「消除偏見」，你還必須培養批判性思考能力，以聚焦和測試你的模式辨認能力。在高風險的情況下，你必須有意識地批判你最初對情況所提出的看法。認知偏誤會掩蓋重要的事實，導致我們只看見想看到的東西。最優秀的策略思考者會對自己的直覺抱持懷疑的態度，並挑戰每個人的信念。

像伍茲這樣的領導者,比較喜歡選擇能夠推進他們計畫和目標的道路;然而,模式辨認也可能顯示出你需要調整前進方向,好應對周圍發生的事情。不斷適應是偉大的策略思考者的註冊商標。就像伍茲的例子,它通常始於開放式討論(這是適合策略思考蓬勃發展的環境)。最佳的實踐方式包括與不同的團隊討論潛在影響,讓他們提供可以改善解決方案與決策的各種觀點和經驗。

這類的討論可以展現出你的思維模型的問題,例如當新的觀察結果與你對公司前景的初始評估產生矛盾時,就會使你的策略規劃變得不可靠。你可以收集更多資訊並修改你的假設,以便做出更好的判斷。透過這個批判和修正的過程,策略思考者可以測試和改進模式辨認的成果。

> 反思:你該如何避免落入上述陷阱,該如何培養好奇心,又該如何確定自己是在更新思維模型?

該如何訓練模式辨認能力？

儘管必須留意模式辨認可能出現的陷阱，但請不要因此而小看它強大的力量。辨認模式的能力早就存在於我們的大腦中，但是它和策略思考的其他修練一樣，也是可以培養的。

神經可塑性的研究顯示，大腦會將注意力集中在對我們的認知能力造成壓力的活動上。[19] 隨著不斷學習，你的技術更進步，大腦就不會再那麼努力運作。大腦中負責注意力和努力控制的區域會大幅減少活動。

完全沉浸在環境裡是學習新語言的最佳方式，也是深入了解複雜商業環境的好方法。沉浸其中是至關重要的元素，因為人們需要在環境中大量「浸泡」，才能建立強大的思維模型。（人才開發的專業人士請注意：這項見解也顯示出把人員太快從一個企業轉移到另一個企業，或從一個工作轉移到另一個工作所帶來的危險性，因為這個人會沒有時間掌握每個新狀態的核心動態。）

你不該期待在每個商業領域都具有卓越的模式辨認能

---

19 Ronak Patel, R. Nathan Spreng and Gary R. Turner, " Functional brain changes following cognitive and motor skills training: a quantitative metaanalysis" *Neurorehabilitation and Neural Repair*, Volume 27, Issue 3, March–April 2013.

力。你必須深入研究特定的領域，例如行銷等商業技巧、快速消耗品等產業，或政府關係這類的利害關係人環境。這意味著你需要花很多心思來選擇你渴望成為策略思考者的領域，只有這樣你才能獲得必要的沉浸環境與訓練，好讓你養成模式辨認能力。

培養模式辨認能力的另一種方法，是與「專家」建立起類似學徒關係的密切合作。尋找機會觀察擅長模式辨認的人怎麼做並從中學習，進而吸收他們的思考方式。這需要的不只是觀察，因為你也需要盡可能地了解專家的內在思考過程。當然，這也意味著他們必須願意花時間與你討論他們的思考過程。

你可以提出幾個問題，包括：

- 你感知到最重要的模式或訊號是什麼？
- 這與你先前經歷過的情況或事件有什麼關聯？
- 這個情況或問題有什麼新穎之處（如果有的話）？
- 你對自己下的結論有多少信心？
- 你打算在多大程度上持續修正你的思維並調整你的方法？

它還能幫助你有意識地培養好奇心並廣泛撒網尋找資訊來源。心理學家發現，好奇心會激發探索、發掘和成長的衝動[20]，當你需要了解微觀環境的更多細節時，這一點很有用，否則你可能會忽略那些細節。

另外，你也需要專注於尋找趨勢。舉例來說，你可以看看新聞報導和研究，或透過網路獲得資訊，並試著對這些趨勢提出假設。

像伍茲這樣的領導者擁有數十年的經驗，使他們能夠看到關鍵模式，但他們也很努力補充這些知識並強化他們的思維模型。正如伍茲所說：「你必須能吸收廣泛的資料、定量動態、經驗，並把這些點連結起來，好提出最佳的假設去創造未來。」

聯邦快遞創辦人菲德里克・史密斯在接受《公司》雜誌採訪時也提出了類似的觀點，他總結了自己獲得世界上各種訊息的方法，並說它是：

> 同時吸收許多不同領域訊息（尤其是跟變化有關的，

---

20 Todd B. Kashdan, Ryne A. Sherman, Jessica Yarbro and David C. Funder, "How are curious people viewed and how do they behave in social situations? From the perspectives of self, friends, parents, and unacquainted observers", *Journal of Personality*, Volume 81, Issue 2, April 2013.

因為它將帶來機會）的能力。比方說，你閱讀的可能是美國文化史，卻能從中認識這個國家的人口發展趨勢。

史密斯接著說，他每天花將近四小時閱讀「所有關於管理理論及飛行理論的報章雜誌與書籍。我試著透過期刊來了解最新的科技發展。而且，我對未來很著迷。」[21]

案例研究分析是另一種強大的方法，可以幫助你提升模式辨認能力。你可以透過各種現實「案例」（對團體、事件、組織或產業的深入研究），反思其中所描述的經驗，吸收教訓並建構強大的思維模型。研究也顯示多接觸現實的敘述相當有效。[22]

模擬也是增強模式辨認能力的另一種有效方法。讓自己接觸現實世界中可能遇到的情況，例如參與業務模擬，可以提升你的情勢感知、模式辨認，甚至策略規劃和執行的能力。模擬是訓練重要思考過程的絕佳方法，這些過程能使我們進行批判性和策略思考，並做出更好的選擇。

良好的回饋也是培養模式辨認能力的強大工具。研究

---

[21] "Federal Express's Fred Smith on Innovation (1986 Interview)", *Inc.*, 1 October 1986.
[22] Lesley Bartlett and Frances Vavrus, "Comparative Case Studies", *Educação & Realidade*, Volume 42, Issue 3, July 2017.

顯示，當人們在完成任務後獲得詳細的回饋時，他們便會迅速達到決策速度和準確性之間的最佳平衡點。[23] 這是因為回饋提供了參考基準，並加強了線索和策略之間的關聯，因此有助於發展在資訊不完整、不確定的環境中快速做出決策的思維模型。透過回饋，高階主管還可以驗證他們的信念，並克服經常導致糟糕決策和失敗結果的認知限制與偏見。

總結

模式辨認是策略思考中十分重要的一個層面，因為它能使你辨認出數據和資訊中的模式與趨勢。這會使你更深入了解你的公司、市場和客戶，並發現潛在的挑戰和機會。如果你無法辨認公司營運中最重要領域的基本模式，就不可能專注於重要的事情並制定出良好的策略。因此，你必須透過沉浸、觀察和精煉增強你的模式辨認能力。下一章我們將探討為什麼**系統分析**能夠增強你的模式辨辨認能力。

---

[23] Gary Klein, "Developing Expertise in Decision Making" , *Thinking & Reasoning*, Volume 3, Issue 4, 1997.

模式辨認檢查表

本書接下來每一章的結尾,都會提供一份問題清單,以幫助你總結重點並開始發展策略思考的各個面向。

1. 你最需要發展模式辨認能力的重要領域是什麼?
2. 你如何讓自己最大化地沉浸在這些領域中,以增強你的思維模型?
3. 你可以運用哪些實際方法來發展模式辨認能力(例如從模擬中學習、與專家合作或是獲得回饋)?
4. 你可以做些哪些事來培養你的好奇心,以及讓自己更適應新興趨勢?
5. 你應該如何提升自己對認知偏誤這個潛在弱點的感知能力?
6. 你可以執行哪些流程來消除偏見並增強批判性思考能力?

> **更多學習資源**
>
> - 《快思慢想》(*Thinking, Fast and Slow*),丹尼爾・康納曼(Daniel Kahneman)
> - 《商業造神》(*The Halo Effect ... and the Eight Other Business Delusions that Deceive Managers*),菲爾・羅森維格(Phil Rosenzweig)
> - 《自然主義決策法》(*Naturalistic Decision Making*),卡洛琳・E・桑柏克(Caroline E. Zsambok)、蓋瑞・克蘭(Gary Klein)

第二章

系統分析

系統分析和建立複雜領域（例如你的企業所處的競爭環境）的思維模型有關。建立系統模型的過程包括：（1）將複雜的現象分解為一系列的組成元素；（2）了解這些元素如何相互作用；（3）利用此一資訊建立商業世界中最重要的因果關係。

在組織內部，系統分析可以讓你辨認出組織中的不同層面（例如功能、流程和系統）之間互動與依賴的關係。透過了解組織的不同部分如何相互作用和影響，你就可以找出改進的機會，並制定改善績效的策略。

在組織外部，你則可以運用系統分析來了解組織運作的環境。分析你的組織如何與客戶、供應商、競爭對手和政府等外部力量互動，便可以辨認出成長機會，並制定有效的策略來善用這些機會。

系統分析是什麼？

系統分析是一種整體性的方法，著重在系統因素之間的連結和相互作用，而不是孤立的各個零件。系統分析的基礎概念是每個環節的相互作用會決定系統的行為。因此系統中某個部分的變化，可能也會對其他因素產生連鎖效

應。它是個寶貴的工具,不僅能用來解決複雜問題,還可用來考慮不同行動方案的潛在影響和意義並做出決策。

系統分析可以減少專注在最重要的事情上所需的認知負荷,進而增強你的模式辨認能力。你會更快「看到」新出現的挑戰和機會。反過來說,這也會讓你更快預測可能的影響並制定策略,好根據所需的方式改變系統動態。

對研究世界氣候的科學家以及預測全球經濟動態和演變的經濟學家來說,系統分析是不可或缺的工具。在這些領域當中,會出現許多過於複雜,無法作為一個整體來處理,也超越了人類能完全理解範圍的現象,因此它們必須被拆解成獨立的子系統。對氣候科學家來說,這意味著他們要建立起大氣、海洋、極圈(被冰層覆蓋的區域)與生物圈的模型。這些子模型是獨立建造的(它們本身又都由多個不同元素組成),既可以單獨使用,也能夠結合運用,以產生對全球氣候有用的預測。[24] 在氣候和經濟領域的模型中,由分析和模式辨認驅動的演算法所建立的電腦模型,則增強與放大了人類在共生關係中的能力。

---

24 Nicholas G. Heavens, Daniel S. Ward and Natalie M. Mahowald, "Studying and Projecting Climate Change with Earth System Models" , *Nature Education Knowledge*, Volume 4(5), Issue 4, 2013.

工程師也一直都在使用系統模型（通常是由電腦建模製作）來設計複雜的產品。這些模型可以記錄同時發生和依序發生的流程。它們可以將處理能力與產量最大化（例如降低持有庫存的成本）。

　　產品開發人員在設計流程中也會使用「架構」模型。高科技產品過於複雜，無法以整體為單位進行設計。以現今日益自動化的汽車為例，除了引擎、傳動系統和底盤等傳統的元素，還包含了一系列令人眼花撩亂的零件，例如感測器、執行器、處理器和演算法。自動駕駛汽車被設計成由許多元素所組成的系統，只要遵守商定的介面規範，這些元素就可以獨立運作並進行整合。

> 反思：你學過系統分析嗎？你在工作上用過這項能力嗎？如果用過，它對你有幫助嗎？

系統分析為何如此重要？

　　想要成為更有效率的策略思考者，你可以學著建立系統模型，以增強你辨認模式、做出預測、制定策略、做出正確決策和更快採取行動的能力。它們有些也許是在電腦

上跑的正式模型，但通常只是在你腦中運轉的思維模型。

你可以將許多相關業務範圍建立成系統模型：生產流程、組織、產業和經濟體本身。對企業領導者來說，利用系統分析來了解組織內部的動態以及塑造外部環境的經濟、政治和社會力量是十分重要的。

我們的大腦會自動嘗試將複雜的問題分解為一個個組成元素，使複雜的任務更容易處理。雖然單獨理解這些元素很重要，但了解它們如何組合在一起，以及它們之間的相互作用也很重要。如果你辦不到，就很有可能會對未來所發生的事感到「可預見的驚訝」。

舉個例子，想想2021年3月時所發生的事吧。當時一艘摩天大樓大小的貨櫃船長賜輪在蘇伊士運河上滯留了6天。不幸的導航失誤迅速破壞了供應鏈並擾亂了全球貿易。這場堵塞導致每天價值約96億美元的國際貿易停止，相當於每小時4億美元，也就是每分鐘670萬美元的貿易額。[25] 即使在蘇伊士運河恢復暢通之後，全球的貿易流也花了數週的時間才穩定下來。

為什麼會發生這種事呢？因為全球貿易是一個非常複

---

25 See Mary-Ann Russon, "The cost of the Suez Canal blockage", BBC News, 29 March 2021, bbc.co.uk/news/business-56559073.

雜且極為脆弱的系統。對經濟效率的瘋狂追求，特別是最大限度降低庫存成本的渴望，導致許多材料和零件都得從各種地點長途運輸，以便「及時」抵達下一個生產階段。

在情況穩定的時候，這個系統的運作既平穩又有效率，但是它很脆弱，很容易出現小小的故障。由於系統中保留的空間非常少，因此這些小故障可能會迅速累積，從而產生越來越多的問題。正如行動數據公司 Anyline 的執行長兼聯合創辦人盧卡斯・基尼加納所言：「我們的供應鏈是產業的動脈，在當日到貨和『及時』庫存的時代裡，就算只是很小的供應鏈堵塞，都有可能導致……線路中斷。」[26]

全球物流系統的分析師長期以來一直都預測，輕微的中斷將導致嚴重的後果。雖然他們無法具體說明事情的起點，但他們知道國際貿易很容易受「堆疊式系統故障」影響，其中一個小問題，可能會導致另一個地方的運作錯誤，進而引發更多問題並導致崩潰。[27] 然而，很少有公司能夠在供應鏈中建立足夠的容錯空間，因此大部分的企業都無法免於這件事的影響。

---

[26] Edward Segal, "Blocked Suez Canal Is Latest Reminder Why Companies Need Crisis Plans", *Forbes*, 27 March 2021.
[27] "Cascading failure", Wikimedia Foundation, accessed 22 July 2022, https://en.wikipedia.org/wiki/Cascading_failure.

雖然蘇伊士運河堵塞的具體性質、地點和時間都是無法預測的，但人們也意識到，某些事情有可能打亂全球貿易體系中的重要運輸環節。

這個例子強調了系統分析如何支援企業打造應變計畫。雖然你無法準確預測將會發生什麼危機，但你可以預測可能影響公司的各種金融、生態、社會和政治災難。當你為企業設計面對潛在危險的危機應變計畫時，這些見解會提供堅實的基礎。

想想新冠肺炎大流行的系統性影響，是如何演變成一場全面性的經濟危機，導致生產崩潰、消費和信心崩盤的。而精明的投資者則利用他們對市場在壓力下會如何表現的理解，來預測新冠肺炎將產生哪些連鎖效應。他們很快就意識到，少數公司會在疫情期間蓬勃發展。例如，某些製藥公司受到新冠肺炎疫苗的提振，科技巨頭從遠距工作革命中獲得了回報，線上零售商則在封城中受益。

利用這些見解，敏銳的投資者會迅速將資金從旅遊業等脆弱產業轉移到潛在的贏家身上。

例如，對沖基金潘興廣場資本管理公司的經營者比爾‧艾克曼就打賭，由於新冠肺炎導致經濟停滯不前，2020年的保險費一定會上漲。憑著2,700萬美元的投資，

他獲得了26億美元的利潤。[28]

　　系統分析是強大的工具，有助於管理複雜性、集中注意力、採取行動。這個世界是不穩定且難以預測的，而現在又變得更加動盪和複雜，進而帶來許多風險和不確定性，導致資訊量過大。系統分析可以幫助你快速區分雜訊，辨認出重要和不重要的資訊。如果做得好，它可以讓你看得更遠，並為你提供必要的見解，將潛在的破壞轉變成組織的優勢。

> 反思：你的組織有沒有遇過系統分析工具能派上用場的挑戰？

系統分析如何運作？

　　系統模型有三個部分：元素、連結（或「介面」）以及目的或功能。為了說明這一點，請思考一下，如何把你的組織建立成一個系統。為了讓你的企業成功，你必須將

---

[28] Mark DeCambre, "Hedge-fund investor who made $2.6 billion on pandemic trades says omicron could be bullish for stock market", *MarketWatch*, 29 November 2021.

不同的功能和人才整合起來,成為一個一加一大於二的整體。正如任職多家公司董事會成員的前人力資源主管凱瑟琳・巴哈・卡林(Katherine Bach Kalin)所說,「在職員、職能和流程之間建立連結,更廣泛地看待企業和各種機會,這一點是非常重要的。你必須了解如何全面管理一間公司以及每個職能部門的資源需求。」

將系統分析應用於組織設計始於 1970 年代。時任華頓商學院教授的傑伊・加爾布雷斯於 1978 年首次發表了他的組織系統「星形模型」[29]。 1980 年,麥肯錫諮詢公司則推出了「7S 框架」。這兩種模型十分相似。加爾布雷思將組織分為五個相互關聯的元素,並排列成星形:策略、結構、流程、獎勵和人員。麥肯錫則將組織系統建立成由七個要素組成的模型:策略、結構、系統、員工(人員)、風格(文化)、技能和共享價值觀(目的)。[30] 在這兩種模型中,加爾布雷斯的星形模型比較禁得起時間考驗,許多商業領袖至今也仍然在使用,這或許是因為星形可以使圖表更有視覺上的吸引力,而且五個元素也比七個元素更容易記住。

---

29 Jay R. Galbraith, *Designing Organizations: An Executive Guide to Strategy, Structure, and Process*, Jossey-Bass, 2001.
30 Tom Peters, "A Brief History of the 7-S ('McKinsey 7-S ') Model" , tompeters.com/2011/03/a-brief-history-of-the-7-s-mckinsey-7-s-model/

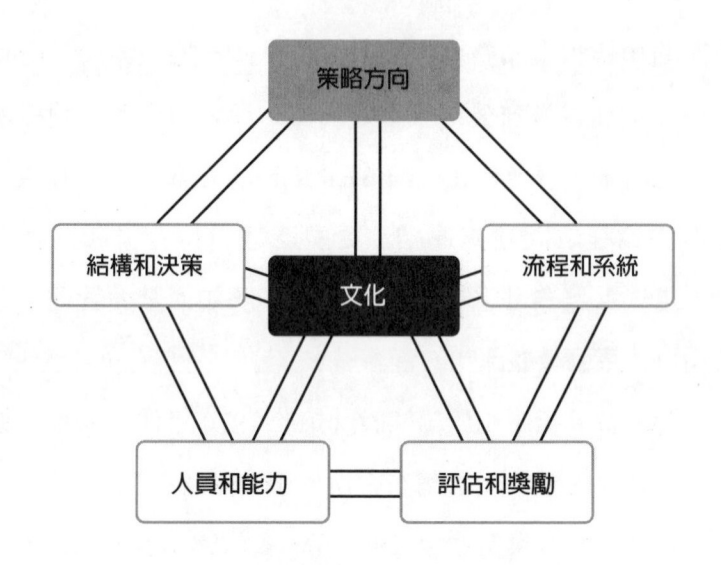

圖二：改編版的加爾布雷斯星型模型

　　圖二的系統模型是我根據加爾布雷斯的模型做出的改編版。我把「策略」擴充成「策略方向」，讓它包含了任務、願景、目的、策略和關鍵目標。我也加上了決策、能力、系統，並在中間加上了「文化」。

- **策略方向**：組織的宗旨、願景、價值觀、使命、目標和策略。它會讓人們了解需要做什麼、該如何完成，以及人們為什麼要為參與這趟旅程感到興奮。
- **結構和決策**：人們如何組織單位和團體，如何協調

工作（例如跨職能團隊），以及誰擁有決策權。
- **流程和系統**：資源和資訊的流動。流程在組織中橫向運作，是完成工作和創造價值的方式。企業會使用系統來加以控制並採取一致的行動，例如策略規劃和預算。
- **人員和能力**：組織的人才和核心能力。這包括藉由僱用資料科學家、投資分析工具、支援資料平台來打造資料分析能力。
- **評估和獎勵**：組織評估和刺激績效的方式。這包括了獎金和非金錢的獎勵，例如賞識和職涯發展。
- **文化**：塑造人們行為方式的共同價值（我們關心的事物）、信仰（我們認為的真理）和行為規範（我們做事的方式）。

為什麼把你的組織當作一個系統會有幫助呢？因為這能讓你獨立判斷和設計各個元素。然後，你就可以從六個要素中的任何一個部分開始推動組織改革。你還能夠重新制定策略，或者重組組織、實施新流程（這是數位轉型的基本要素），或是加入擁有不同能力的人員。

在你執行這項工作時，了解一個元素的變化會對其他

元素及系統的整體狀態帶來什麼影響,就顯得至關重要。為什麼?因為組織化系統的各個要素之間需要彼此「配合」或一致。策略和結構之類的要素不一致的狀態,可能會導致功能缺失或成效不佳。

比方說,假設一個新策略的重要關鍵是讓你的組織更以客戶為中心,如果決策過程仍然是孤立的,或了解客戶所需的流程和數據沒有到位,那麼你就不太可能成功。因此,雖然你可能認定你的公司需要一個新的策略,但你也必須考慮如何改變組織裡的其他元素。

找出槓桿點

將業務領域建立成系統,還可以幫助你辨認出系統中潛在的槓桿點,即微小變動就會帶來重大轉變的部分。

回到上面提到的組織系統模型,你會發現文化位於中間,因為其他所有的元素都會對其造成影響。不同元素影響文化的方式包括以下這幾種:

- 策略方向的目的、願景和價值觀。
- 結構和治理的層數、報告關係、決策維度。

- 流程和系統塑造「工作方式」的方法。
- 最有影響力的人員的背景與技能。
- 組織評估和獎勵的內容所帶來的激勵作用。

如果你想改變組織內的文化，了解這些元素如何影響文化，會幫助你確定應該付出努力的槓桿點。例如，想要改變行為，首先必須根據目標行為來定義目標，再來則是改變會影響員工行為的人力資源系統（例如招募、入職、績效管理、敬業度、學習和發展）以強化這些目標行為。

專注在限制因素上

利用系統模型的另一個好方法，是使用它們來辨認限制因素或「約束」。彼得·聖吉所寫的組織學習著作《第五項修練》，就認為這種「成長的限制」分析是應用系統分析的經典方法。[31]

它的基本概念是，對最稀少的關鍵資源所產生的限制，會阻礙組織成長的能力。這有點像是分析生產流程來

---

31 Peter M. Senge, *The Fifth Discipline: The Art & Practice of the Learning Organization*, Doubleday Business, 1990.

找出瓶頸,而除非解決這些瓶頸,否則無論流程的其他部分投入多少時間和資源,這些瓶頸都會限制產出。這也被稱為「約束理論」,是由伊利雅胡・高德拉特在他的著作《目標》中所提出的。[32]

另一個相關的概念則源於專案管理。完成一項專案的速度,會受到完成最緩慢的關鍵任務需要的時間所限制。找出系統中的限制因素、瓶頸或關鍵路徑,可以告訴你應該將精力集中在哪裡,好釋放能量、促進成長、提高生產力,並減少達成預期結果所需的時間。

認識回饋循環帶來的影響

除了槓桿點和限制因素之外,了解系統是否具有可以使其穩定的回饋循環是不可或缺的。就這部分而言,理解系統狀態和平衡性的分析相當重要。系統狀態指的是特定時間中最重要變因的狀態。如果系統狀態保持穩定,或在預期的限制內波動,那麼系統便是處於平衡狀態。當系統的輸出開始循環並且成為輸入時,就會出現回饋循環。

---

[32] Eliyahu M. Goldratt and Jeff Cox, *The Goal: A Process of Ongoing Improvement, 30th Anniversary Edition*, North River Press, 2012.

在很多情況下，系統穩定是件好事。回到車輛自動駕駛的例子，請想像一套能讓車輛以恆定的速度行駛的子系統。如果它加速太快（例如它在行駛下坡時），回饋會帶動引擎降低功率，好減緩速度。同樣地，如果車輛減速超過設定的限制（也許當它開始上坡時），系統則會產生更多動力。透過這種方式，車輛就能保持相對穩定的速度，儘管它的速度是在指定的限制範圍之間波動。

辨認出你的組織在哪些部分需要透過回饋來維持績效至關重要。例如，透過回饋的觀點來思考組織中的財務控制就很有幫助。如果財務表現開始下滑，你越早發現越好。一旦發現問題後，你的注意力就會集中在問題上，並可以採取修正措施。關鍵是，你得確保財務控制系統（1）將重心放在評估能對即將發生的問題提供早期預警的事物，以及（2）具有回饋機制，並且以正確的方式引導注意力並促進修正行動。

然而，系統穩定和維持穩定的回饋循環並不總是好事。例如，在領導組織改革時，推動變革的努力通常會遇到抵制變革的力量。這些「限制力量」包括僵化的思考方式、面對改變的恐懼、相互衝突的激勵措施和文化。它們可以幫助組織在「正常時期」維持穩定和高效，但是當組

織需要轉型以面對新挑戰時，它們可能就會成為嚴重的阻礙。這種時候，你就得克服這些力量，帶領組織進入新的、更好的狀態。

小心非線性和臨界點

最後，你需要知道，系統動力學通常具有重要的非線性和所謂的「臨界點」。當系統是線性的時候，輸入的變化會導致輸出的比例產生變化。想像一下將腳踩在（非自駕）車輛的油門上。你對踏板施加一定的壓力，車速就會因此增加，當你施加兩倍的壓力時，你的速度就會加倍。現在，想像一下你的車子油門踏板是以非線性方式操作。你稍微推動一下，它的速度就會提高10％，但當你再施加同樣的壓力，速度卻提高100％，然後是1,000％。想想這樣車子會多麼容易失控和出車禍。

系統中的非線性也可能是投入精力卻收到遞減的回報。為了說明這一點，請想像你施加在車子煞車上的壓力帶來的影響逐漸減弱。當你只踩一點煞車時，它就會減慢很多，但你越用力踩，影響就越來越小。最後，你猛踩煞車，但車子並沒有停下來。在商業環境中，也許你投資大

量精力改善工作環境,但低於標準的薪資待遇導致人們離開時,回報可能就會遞減。一旦你提供了相當愉快的工作環境或靈活的居家上班政策,再增加星巴克禮品卡可能就不會產生太大的影響。因此,你必須對組織系統中潛在的非線性狀況保持警戒。請留意某些特殊狀況,就算只是微小的變化,如果累積超過一個臨界點,可能就會產生意想不到的負面影響或收益遞減。

另一方面,當系統變得還算線性,並來到重要的門檻階段時,就會出現臨界點,一旦超過這個狀態,變化就會迅速、非線性且不可逆地發展。氣候變遷就為這種潛在危險的最糟情況提供了最明顯的例子。科學家們擔心地球的氣候條件可能會達到某個關鍵的臨界點,在此之後,地球的狀況可能會迅速轉變為更不適合人類居住的狀態。

其中一個關鍵值是兩極冰層的消融。因為冰是白色的,所以它會將大量的太陽輻射反射回太空。當冰融化時,冰面就會被下方顏色較深的土壤或水所取代,吸收更多的太陽熱量。這個過程會使融化速度變得更快,並加速全球氣溫上升。隨著極地變暖,另一個關鍵的氣候門檻就出現了:科學家擔心目前被覆蓋在永凍土中的大量二氧化碳和甲烷(更有效的溫室氣體)會被釋放到大氣中。如果

發生這種情況，全球氣溫將會進一步上升，並可能使氣候系統發生突然、劇烈且不可逆轉的變化。

值得慶幸的是，組織改革並沒有那麼複雜（也沒有那種潛在的災難性）。組織的臨界點甚至可能會為你帶來好處。事實上，一旦你在轉型計畫中得到足夠的進展，來自內部、抵制變革的力量也許就會減弱或瓦解。一直抵制的人原本也許在嘗試（無論主動或被動）阻止改變，後面則會轉變為接受改變的來臨，並決定要如何接受或者乾脆離開組織。

> 反思：這個討論會不會讓你在面對組織的挑戰時，用不同的、具有潛在價值的方式思考？

如何設計具有適應力的組織？

除了建模和預測之外，你還可以利用系統分析來設計基本流程。新冠肺炎疫苗接種工作就是一個例子。數十億劑疫苗以極快的速度生產並運送到全球各地。一劑輝瑞的新冠肺炎疫苗就含有 280 多種不同成分。這支疫苗是由 19

個國家共 25 家供應商一起生產的。[33] 這是科學、藥物開發與供應鏈管理的勝利。

設計良好的系統會具有適應力。它們會辨認出新的威脅（和機會）並做出相應的調整。許多公司表現不佳或失敗，是因為它們變得過於官僚或孤立，導致對威脅和機會的感知與回應都過於遲緩。

有意圖性的系統設計如何幫助組織提高適應力呢？我與阿密特·穆克吉共同開發了一套方法。首先，你要問自己一些基本問題。組織系統的關鍵元素是什麼？它們又該如何連結？最重要的回饋循環是什麼？這對你的組織設計有什麼影響？正如穆克吉在他的著作《在數位世界帶團隊》中強調的，適應力的基礎是**感知與回應**變化的能力。沒有感知到變化或速度不夠快，你的組織就無法看見危險的威脅或充滿希望的機會，直到為時已晚。[34]

---

33 See Mia Rabson, "From science to syringe: COVID-19 vaccines are miracles of science and supply chains", *Toronto Star*, 27 February 2021.

34 Amit S. Mukherjee, *Leading in the Digital World: How to Foster Creativity, Collaboration, and Inclusivity (Management on the Cutting Edge)*, The MIT Press, 2020.

偵測威脅

我們先來看看要如何感知與回應潛在的威脅（同樣的概念也適用於辨認有潛力的機會）。首先，你的組織需要有個**威脅偵測子系統**，可以專注在改變及辨認潛在威脅。這個子系統必須辨認出重要的模式，並區分出「真正」需要採取行動的信號以及背後的雜訊。否則你就有可能錯過重要信號或反應不足，甚至是看見錯誤訊號並反應過度。

這個重要的子系統，包含你的組織用來檢視外在（社會、規範、競爭對手）與內在（組織內）環境、辨認潛在風險並提升反應需求意識的所有環節。人資會專注在員工參與度與人員留任的程度；政府關係專家則會專注在規範與立法的發展；外部溝通團隊會監控社群媒體的使用；策略師則會專注在對手的行動上，以此類推。

你的組織中也許已經具備足以有效偵測威脅的許多要素，但你還是應該評估（1）每個元素是否能有效辨認重要模式並盡快提供回饋；（2）這些投入的資源是否被適當地整合和解釋；（3）組織整體的威脅偵測範圍是否有潛在的危險缺口。

你的組織有時是否會對沒有察覺（或太晚察覺）威脅

而感到震驚？有時候，偵測威脅的子系統會失敗，是因為意外事件雖然可以預測，但卻沒有辨認出來。當單獨運作的單位阻礙資訊和見解的整合，或當激勵系統驅使人們做出錯誤的事情時，就會發生這種情況。許多企業的失敗就是由於組織設計的缺陷，才會造成這些可預見的意外。

出現威脅 → 辨認與安排優先順序？ → 無 → 偵測失敗

威脅偵測子系統

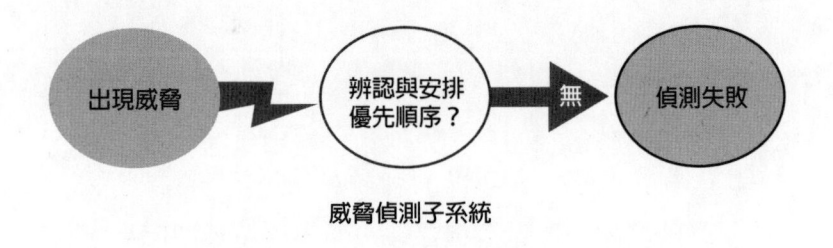

圖三：威脅偵測子系統

回應危機

當然，也會有不可預測的意外或無法預見的「晴天霹靂」。當這類的問題嚴重到某種程度時就會引發危機，而你和你的組織必須對此做出有效反應。因此，**危機管理子系統**是組織具有適應力的第二個關鍵。這是動員你的組織採取行動並減輕潛在損失的機制。通常，這意味著一套獨立的組織結構和流程，將業務從「正常運作」轉變為「作

戰」模式。這一般代表要實施更集中的控制以確保組織能快速且一致地做出回應。良好的危機管理系統還擁有隨時可用的資源，例如模組化的回應規劃，其中包括隨時可用的通訊協定和腳本。[35] 良好的危機管理系統也應該要是模組化的，例如適用於溝通的預設腳本，或適用於設施封鎖或疏散的協定。

從經驗中學習

當你的組織經歷過危機之後，你不能單純地回到過往的運作模式，請務必展開**危機後學習子系統**的流程。你應該要準備好規範與流程，來總結和傳播從危機中學到的教訓，好強化組織的威脅偵測與危機管理子系統，以應付未來的危機。這和美國陸軍的「行動後檢討」很像，指揮官手下的單位需要在戰鬥後檢討與學習。由此得出的見解會集結起來並存放在名為「美國陸軍經驗教訓學習中心」的檔案庫，可以用於軍官訓練。[36]

---

35 Michael D. Watkins, "Assessing Your Organization's Crisis Response Plans", Harvard Business School Background Note 902-064, September 2001.
36 U.S. Army Center for Army Lessons Learned, www.army.mil/CALL.

圖四：威脅偵測子系統與危機管理子系統連結

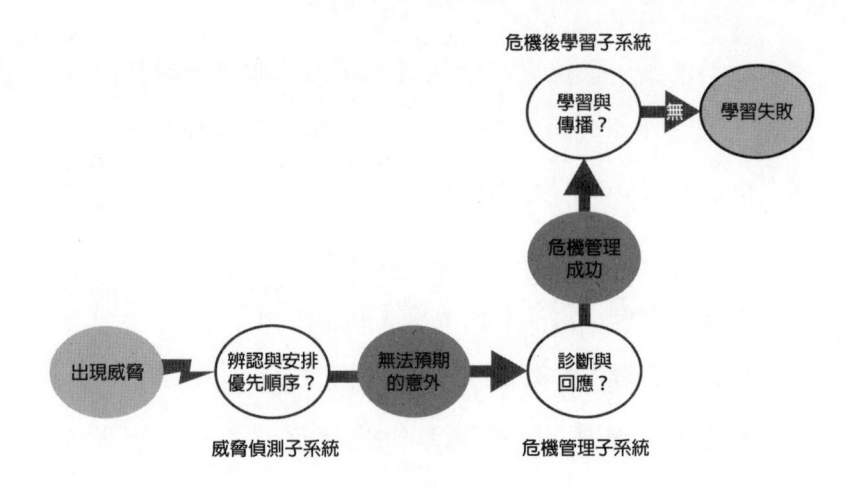

圖五：加入危機後學習子系統

防範未來的問題

最後，當組織的威脅偵測系統確實成功找出了新出現的威脅，之後會發生什麼事？你的公司能感知並主動回應，以避免出現更多問題和預防危機到什麼程度？你的組織需要一個**問題預防子系統**，它必須要能主動採取行動，以避免在本來能預防的問題沒被處理而產生危機的情況下做出被動回應。

總結而言，要建立起一個有適應力的組織，能夠有效感知並回應外部與內部發生的事，你的整體系統需要有四個完全不同卻又互相關聯的子系統：

- **威脅偵測**：辨認威脅並決定回應的順序。
- **危機管理**：診斷並回應危機帶來的意外。
- **危機後學習**：反省危機並傳播學到的教訓，好避免將來不必要的問題。
- **問題預防**：調動資源並採取行動，好預防可辨認與優先處理的威脅帶來衝擊。

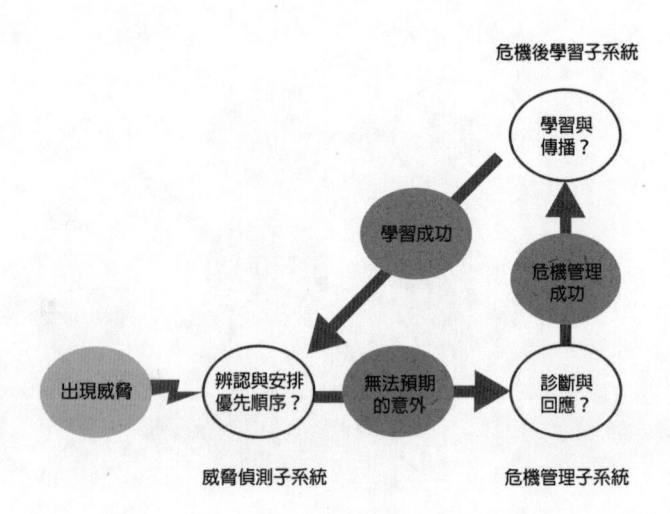

圖六：從危機後學習子系統中得到的教訓能夠輔助組織內的其他子系統

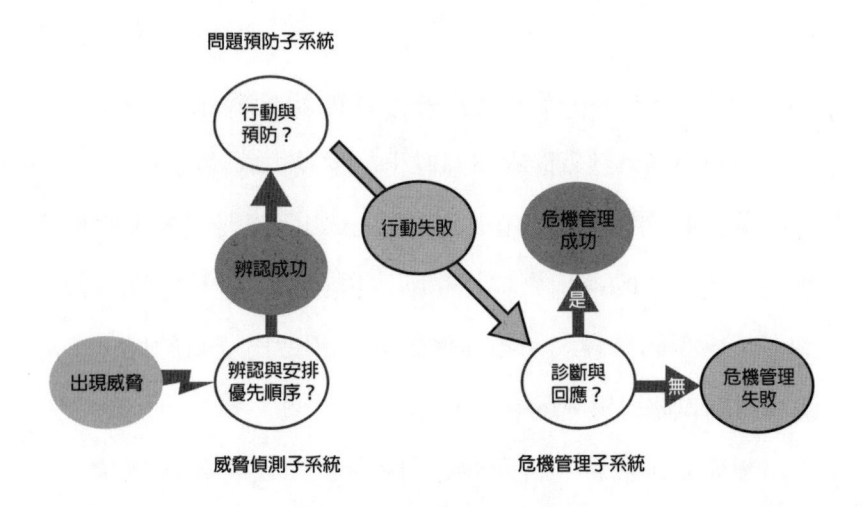

圖七：加入問題預防子系統

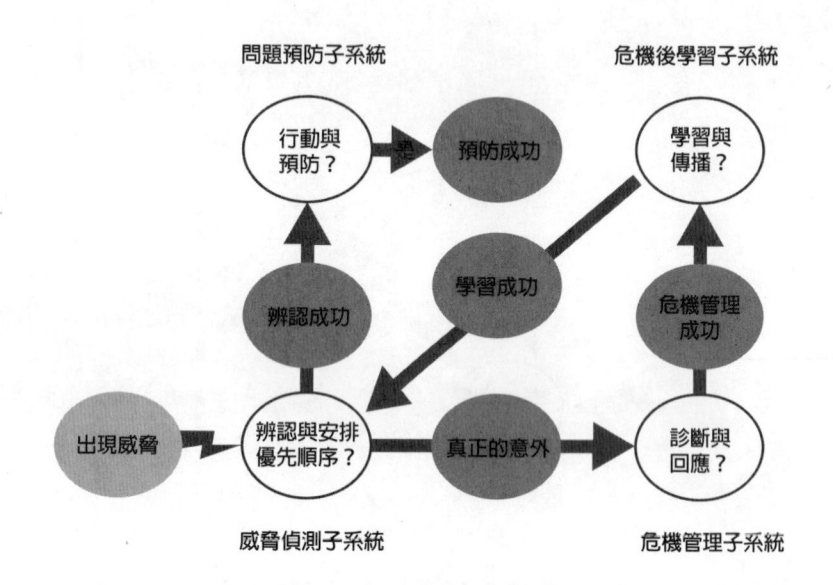

圖八：四個互相關聯的子系統

　　如果這些子系統設計良好，也如預期般順利相互作用，你的組織應該就能在日益動盪的世界中蓬勃發展。

　　雖然我們將重心放在討論組織該如何應對威脅，但你也可以用相同的邏輯來辨認和回應潛在的機會。這種「看到」新出現的機會，而不僅僅是對問題做出反應的能力，是真正的策略思考者的註冊商標。

　　想要運用機會，首先你必須有能力辨認它們。然後，如果你發現的機會很有前途而且時間緊迫，你就必須迅速

抓住它們。如果你成功了，你將成為競爭對手中的市場領導者。如果你尋求機會的努力（例如推出新產品）失敗了，你則會希望組織能從這些經驗中學習。當然，你會更希望組織在正常運作過程中追求和運用許多小機會來取得進步。

成為優秀的策略思考者最終意味著增強你的能力，好讓你（1）利用模式辨認和系統分析來發現挑戰和機會；（2）處理不可預測的意外事件所造成的危機；（3）從這些經驗中學習；（4）逐步提升從源頭防止問題發生的能力。

> 反思：想讓你的組織變得更有適應力，最大的機會是什麼？你要如何追求這些機會？

系統分析能力有哪些限制？

系統模型只有在捕捉到一個領域的關鍵特質與動態時才有幫助。這就是所謂的**模型忠實性**。如果模型忠實性很低，它就缺少了關鍵的變相或無法捕捉必要的動態。系統模型的好壞取決於建立模型時所做的假設。如果一個模型被過度簡化，它或許會產生錯得離譜的預測或導致嚴重

的、意料之外的結果。

因此，你必須知道模型的限制。好的模型與它所代表的領域密切相關，即使它們永遠無法以百分之百的準確度來代表這些領域。你做出良好預測的能力取決於擁有準確、完整、即時的資訊。人類的大腦更喜歡簡單、線性的因果關係。然而，當系統的動力是非線性的或具有臨界點時，線性模型就無法好好運作。同樣地，當我們遇到意料之外的轉折時，我們的模型也可能非常失敗。

另外，你看不到的改變也可能會導致嚴重的問題。在商業環境快速變化的時代，過時的模型可能比沒有模型來得更糟，因此你必須隨時更新或拋棄現有的模型。這要求你學習新資訊並且徹底忘掉過時的模型。你必須知道舊模型已經不完整或根本無效了。接下來，去找到或是建立更加貼近目標的新模型。最後，你會養成新的思考習慣，並努力避免回到舊有的模式裡。

該如何訓練系統分析能力？

就像所有值得努力的事情一樣，訓練系統分析能力也是需要努力的。根據一項估計，世界上 95％ 的人口無法用

系統的角度思考，因為人們已經太習慣依靠單純的因果關係來解決問題。[37] 只有少數人能夠看見更遠大的整體狀態，這更加突顯了系統思考者所擁有的策略優勢。許多人在受教育的時候會學到系統分析的基礎，尤其如果讀的是工程或科學的話。就算你沒有受過這種訓練，你很可能早就做過系統模型了，儘管你不是這樣形容它的。回想你學過的水循環：蒸發、凝結、降水、沸騰。透過這些實驗，小孩也能快速發展出系統分析能力。[38]

定義系統的界線是建立模型的第一步。你需要透過界線來提供清晰度並減少複雜性。但如果界線太狹窄，你也許會錯過潛在的連鎖反應。相反地，界線太寬也會帶來問題，例如讓最相關的見解淹沒在巨量資訊中。能夠適應全部解決方法的模型並不存在，界線是非常個別化的，必須視不同問題而定。

下一步則是弄清楚發生了什麼事，這些事為什麼會發

---

[37] See Steven Schuster, *The Art of Thinking in Systems: A Crash Course in Logic, Critical Thinking and Analysis-Based Decision Making*, independently published, 2021.

[38] Kristina M. Gillmeister, "Development of Early Conceptions in Systems Thinking in an Environmental Context: An Exploratory Study of Preschool Students' Understanding of Stocks & Flows, Behavior Over Time and Feedback", PhD diss., State University of New York at Buffalo, 2017, Publication Number: AAT 10256359; Source: *Dissertation Abstracts International*, Volume: 78-11(E), Section: A, 2017.

生,以及它們是如何發生的(A 導致 B,C 導致 A,依此類推)。這個釐清的過程可以幫助你了解某個複雜系統的運作方式,讓你有機會成功地改變它們。學習從系統的角度來思考(從而展望未來),其中一個很好的方法,是畫出**因果循環圖**,它將幫助你直觀地看見不同元素如何產生連結。這些圖表會加深你的理解,讓你更容易測試自己的思維模型。你也可以透過尋求同事的意見來挑戰你的假設,使你的模型更加嚴謹。

第三步是評估你的系統是否存在可以解決的限制因素。例如,領導層是否同意投入適度的額外資本,以建立所需的能力?接下來,你還需要考慮不同的解決方案,並用模擬、實驗或各種原型來評估這些方案的效率。在評估它們成功的可能性後,你就可以做出決定。如果解決方案失敗,策略思考者會重複這個過程,直到達到預期的結果。

話雖這麼說,想要在這個日益複雜的世界中做出可靠的預測是非常困難的。你的目標不該是預測公司未來的所有可能性;相反地,在現今動盪而模糊的世界中,評估不確定性本身的能力更為重要。這樣的評估將提供不可或缺的觀點,可以增強你的直覺,幫助你做出更好的選擇。

最終,你得透過實際操作來訓練系統分析能力。商

業模擬遊戲是個很好的工具,它會提供能夠管理的複雜環境,讓你在這個環境中安全地進行實驗,並深入了解各項要素的因果關係。而且,與現實世界不同的是,如果第一次不成功,你還可以重新來過。

總結

系統分析是建立在模式辨認能力之上的策略思考修練。系統分析有助於建立簡化的商業運作模型,能使你更容易地應對複雜的環境。為你的組織建立系統模型,會讓你更精確地思考關鍵元素和相互作用,並且更準確地診斷問題和設計解決方案。下一章我們要探討第三項修:**思維敏捷性**,它能夠幫助你建立模型以及發展各種策略。

系統分析檢查表

1. 你的企業是否有複雜且難以理解的領域?如果有,把它們建立成模型是否有幫助?
2. 將你的組織視為一個系統,能不能幫助你了解基本動態、診斷問題和推動改變?

3. 想一想你正在使用的系統,它的關鍵槓桿點、限制因素和回饋循環是什麼?
4. 你能不能利用系統分析來提升組織的適應力?
5. 你該如何提昇在組織中應用系統分析的能力?

更多學習資源

- 《第五項修練》(*The Fifth Discipline: The Art and Practice of The Learning Organization*),彼得・聖吉(Peter M. Senge)
- 《系統思考的藝術》(*The Art of Thinking in Systems: A Crash Course in Logic, Critical Thinking and Analysis-Based Decision Making*),史蒂芬・舒斯特(Steven Schuster)
- 《系統思考》(*Thinking in Systems: A Primer*),唐內拉・梅多斯(Donella H. Meadows)

第三章

思維敏捷性

要成為一名優秀的策略思考者，你必須敏捷地處理工作的複雜性、吸收新資訊，並專注在與你最息息相關的事情上。模式辨認和系統分析可以為你奠定基礎，讓你制定出合理的策略，並根據不斷變化的情況進行調整。你可以透過掌握第三項修練：**思維敏捷性**，來進一步增強這些能力。這個能力可以讓你在複雜性、不確定性、易變性和模糊性不斷增加的情況下，持續重新思考推動組織前進的最佳方法。

思維敏捷性依賴兩種互補和互相強化的認知能力。第一個是**層次轉換**。這個能力是使用不同層次的分析，來探索具有挑戰性的情況。你必須有能力看到細節與整體，預見未來的發展並理解這些事對眼前的影響，並在不同層次之間流暢且有意識地轉換。

第二個則是「**玩遊戲**」。你要專注在你的公司需要玩的「遊戲」、預測其他聰明「玩家」的行為，並將它們納入你的策略。你採取的每項行動都會引起客戶、供應商、競爭對手、監管機構等的反應。如果你要推出某個新產品，你的競爭對手會有什麼反應？如果你要收購另一家企業，監管機構可能會提出哪些反對意見？如果你引入新的獎勵制度，你的業務人員會怎麼回應？

將兩者結合起來，能夠使你快速辨認和回應新出現的威脅與機會。

學習層次轉換

層次轉換的能力，是指從不同的分析層面上看待同一個情況。比方說，先看「五萬英尺高的俯視畫面」，然後「深入細節」，再一層層向上移動。這是策略思考的一個基本要素。吉恩・伍茲是這麼說的：

我告訴我的團隊，我們需要成為「從雲端到地面的思考者」。如果你不了解組織中正在發生的事，並判斷它會促進或阻礙你正在嘗試的事情，你就無法制定策略。每次與團隊討論策略時，我經常在雲端和地面之間多次切換。

層次轉換能使你在思考當下的同時著眼於未來，這是非常重要的技能。一位全球醫療保健公司的前人資主管如此解釋：

當你領導一家企業時，你很容易被困在日常瑣事之

中。因此，你必須要能將大量的思考專注在明天，並做那些能幫助你實現公司未來目標的事。

　　層次轉換還能讓你從多種互補的角度探索挑戰和機會。它可以幫助你從每個可能的角度看待一件事，並吸收他人的觀點，以做出更好的決策。最好的策略思考者能夠在不同的分析層次之間流暢地轉換。他們既可以深入研究問題，確保負責細節的人員盡忠職守，也可以重新回到更高的層次思考大局。

　　最重要的是，他們知道什麼時候該從一個層次轉換到另一個。正如伍茲所說：

　　你需要知道何時該處在雲端，何時又該回到地面。花在地面上的時間太多，你就會被細節限制住。但是，如果該在地面上的時候卻在雲端，就無法深入了解你需要打造策略的組織。因此，你必須搞清楚你飛行的正確高度。

　　如果你無法進行層次轉換，就不太可能成為優秀的策略思考者。正如陶氏化學公司的前執行長麥可·帕克所說：

我見過有才華的人——智商比我高許多的人——但他們作為領導者卻失敗了。他們能言善道，學識淵博；但是，儘管他們在很高的層次上有許多認知，他們卻不知道系統底層到底發生了什麼事。[39]

　　當你在培養和運用這些技能時，請記得要讓其他人與你並肩同行。你在層次之間轉換得越快，就越有可能讓團隊中的其他人感到困惑。一位最近才被任命的製藥公司負責人表示，由於她「放大的能力」變化得太快，她的一些報告便遭受了所謂的「精神打擊」。層次轉換能力對她的成功而言十分重要。她擅長制定願景和策略。但她也需要了解公司藥品的具體細節、可能受益的病人以及開藥的醫生。但她的員工完全無法跟上她從一個層次轉換到另一個層次的速度。「我終於發現，」她說，「在轉換層次時必須給出通知。」

> 反思：你有多擅長轉換層次？你比較傾向待在雲端、著重在大局，或者踩在地上、關注細節？

---

39 For full quote see Jonathan Wai, "Seven Ways to Be More Curious", *Psychology Today*, 31 July 2014.

加入遊戲（並取得勝利）

把思維敏捷性形容成遊戲的說法來自「賽局理論」，也稱為「策略科學」，指的是制定策略來參與並贏得會影響你公司成功與否的「遊戲」。這些遊戲中會有聰明的參與者，例如你的競爭對手，他們（和你）會在尋求推進各自的目標時做出「行動」和「反擊」。伍茲認為，領導一家企業「就像是同時在下很多盤棋。在企業的外部環境中，還有其他參與者，包括政治人物、監管單位、競爭對手和客戶。有些是你可以控制的，有些是你可以影響的，有些則是自由球員。但這些個體永遠不會靜止不動」。

企業所玩的遊戲，通常是透過合作創造價值或者藉由競爭獲取價值。當你與其他玩家追求相輔相成的目標，進而建立起聯盟時，你在遊戲中就會創造價值。一個典型的例子便是產業協會，其中的成員會找到對每個人都有利的方式來打造監管模式（儘管這些協會內的各種派系經常追求不同的東西）。

另一方面，當參與者透過競爭獲得某個固定經濟價值裡最大的一塊「蛋糕」時，就是所謂的獲取價值。低成長產業的競爭對手努力做到利潤最大化就是最好的例子。他

們通常會在定價和行銷方面進行競爭。但是，即使在競爭激烈的行業中，企業之間仍然可能存在一些隱性（且合法的）合作。例如，他們可能會抵制侵害所有人獲利的價格戰。因此，策略思考者必須：

- 評估他們正在玩什麼類型的遊戲。
- 弄清楚所有玩家是誰以及他們在乎什麼。
- 發現透過合作創造價值和藉由競爭獲取價值的機會。
- 制定相應的策略。

運用賽局理論的概念

賽局理論具有數學基礎，這個基礎也已經大量運用在解決航空公司座位的動態定價等業務問題上，並且通常都有複雜的分析作為支持。儘管如此，許多現實世界的商業決策（仍然）無法建立成數學模型。無論如何，賽局理論依然是策略思考者箭袋中不可或缺的一枝箭。

為了說明它的力量，請想想你要如何利用賽局理論制定策略。第一個概念是**先發制人**，來自經典策略遊戲（例如西洋棋）的分析，在西洋棋中，玩家是按順序移動，並

且一定有人要先走一步。成為遊戲中的先行者會為這個玩家帶來優勢嗎？在西洋棋中，這個答案是肯定的。研究人員得出的結論是，在實力相當的兩名對手中，先發制人的玩家會擁有既定的優勢，比賽的勝率估計在 52%～56% 之間。[40]

在商業中，先發優勢指的通常是成為第一個進入新市場的公司，並且會隨著時間的推移，透過更高的收入和利潤來獲得比競爭對手更多的價值。[41] 在那些行動順序很重要的遊戲中，先發制人是潛在的力量來源，而第一個展開行動就會產生優勢。例如，當一個產業的整合時機成熟時，蓬勃發展的公司往往會先採取最具吸引力的收購行動。這其中的意義是：當你在玩一場遊戲時，你必須盡早認知，率先邁出第一步可能是有利的。

這也再次強調了模式辨認的重要性。在你的組織內，你有時可以透過率先揭露和提出問題來產生影響力。組織中的決策流程就像一條河流：解決問題的重大決策，會受

---

[40] "First-move advantage in chess", Wikimedia Foundation, accessed 14 September 2022, en.wikipedia.org/wiki/First-move_advantage_in_chess

[41] "Game Theory – First Mover Advantage", Economics: Study Notes, Tutor2u.net, accessed October 2022, www.tutor2u.net/economics/reference/game-theory-first-mover-advantage.

到早期流程的強烈影響，這些流程可以幫助你找到替代方案，並評估其成本和效益。當問題和選項確定下來時，河流已經在河道中強力地流動著了，最終的選擇可能早已成為定局。另一個微觀層面的例子是，負責召集關注相同議題的群體並將其組織起來的人，會產生不小的力量。

當然，當先行者並不總是最好的策略。有時成為「快速跟隨者」會更好。例如，假設你在製藥公司內管理研發，而且市面上有種新的分析技術，可以大幅加快藥物早期開發的階段，但是開發所需的投資巨大，還很可能無法實現它給出的前提。你可以選擇現在投資並打造這個技術（成為先行者），這麼做可能會獲取競爭優勢。或者，你也可以選擇等待，看看新創公司開發這項技術時會發生什麼事，然後你可以收購其中一家公司，或者僱用其他人來建立已經被他人驗證過的能力（成為快速跟隨者）。

在許多遊戲中，玩家不能或不想直接交流，而是會選擇間接釋放訊號的手法。在大多數場合中，競爭對手聯合起來操縱價格是違法的；然而，公司決定提高或降低價格，並向競爭對手發出訊號，這樣則是合法的。

要說明這一點，就讓我們從某個**穩定平衡**的產業開始，這是另一個重要的賽局理論概念。平衡意味著遊戲中

的每個參與者,都沒有動機偏離目前創造和獲取價值的策略。[42] 讓我們想像這個產業中的競爭對手都擁有大致穩定的市場占比和利潤,也都得到定價和產品開發策略的支持,能夠維持平衡。讓我們進一步假設,這種平衡是穩定的,因為任何參與者所產生的分歧(例如試圖透過降低價格來增加市場占比)都會受到有效的懲罰。

現在,假設通貨膨脹突然爆發,導致原物料和勞動力價格上漲,侵蝕了這個產業所有公司的利潤。最明顯的反應是每個人都提高價格。問題是:誰會是第一個?競爭對手又將如何回應?當然,最大的風險在於如果甲公司提高價格,乙公司可能會決定不跟進,好藉此獲得市場占比。因此,甲公司可以暗示它的意圖,只提高某一類產品的價格,看看乙公司是否跟進。如果對方確實跟進,甲公司也許就能更廣泛地提高價格,並使行業達成新的穩定平衡。

就像前面說過的,釋放訊號也能夠是制止其他玩家做出不當行為的方式。為了與定價範例保持一致,假設乙公司單方面決定降低某個重要產品類別的價格,好從甲公司那裡得到更多的市場占比。對此,甲公司可能會釋放訊

---

[42] 1994 年,美國數學家約翰・富比士・納許因在賽局理論中提出納許均衡概念而獲得諾貝爾獎。

號，表示它可以透過更大幅度的降價來破壞整個產業的獲利能力。只要釋放帶來雙向破壞的價格戰訊號，如果大家認為這個威脅是可信的，甲公司就可以阻止乙公司。

最後，釋放訊號是做出不可逆轉承諾並預防其他玩家不當行為的方式。這是另一種形式的先發優勢。比方說，假設你領導著一家大型電動車製造公司。雖然你很早進入市場，成功建立了穩固的地位，但你現在卻面臨著來自老牌汽車製造商和私募股權投資的新創公司的激烈競爭。

設計和生產電動車需要大量的前期投資，其他參與者只有在認為可以承受風險的情況下才會展開投資。因此，你宣布自己打算建造一座大型工廠來生產電池。然後，你開始為工廠購買土地、尋求初步的監管批准，並與主要的供應商簽下合約來輔助你所給出的承諾。如果你成功讓其他參與者相信你會對這個行動投入不可逆轉的力量，那麼你就改變了他們的風險收益評估結果，因此也可能預防他們自行展開投資。

除了決定是否以及如何採取第一步（或釋放訊號），賽局理論也強調定義你參與的遊戲中最佳的行動組合，我們稱之為**定序**。例如，你正在領導一個業務部門，並試著獲得公司決策者的支持，好讓你們進行重大收購。我們幾乎

可以肯定，公司一定會有評估和審查潛在交易的流程。但你的安排是否得到公司的政治支持也很重要。因此，你應該策略性地思考誰是關鍵決策者，以及誰會對他們的思考造成影響。然後，你就可以決定一個可靠的序列，來和利害關係人討論收購事宜。在這個過程中，你的目標是朝著你所需的方向累積動力。讓一個關鍵人物加入，可能會使你更容易獲得其他人的支持。隨著你的支持基礎擴大，成功的可能性就會增加，也更容易招攬更多的支持者。

在這個例子中，你並不是在對抗某個競爭對手。但是在最重要的幾場遊戲裡，一定會有其他聰明的玩家，你可以與之合作來創造價值，也可以與之競爭來獲取價值。在這樣的情況下，你一定要考慮其他人會怎麼回應你的行動。

「賽局樹」[43] 是個好用的工具，可以釐清你對序列的想法。想像你正在考慮提高某項產品的價格，你有一個主要的競爭對手，而你是市場的領導者。你得決定要不要宣布漲價。然而，在採取這項行動之前，你應該先預測競爭對手會做何反應。舉例來說，他們可能會決定保持價格不變，或者配合你的價格一起上漲。如果你認為他們有一半

---

[43] "Extensive-form game", Wikimedia Foundation, accessed 5 October 2021, en.wikipedia.org/wiki/Extensive-form_game.

的機會跟進，那麼每個選擇的機率就都是 0.5。你應該考慮這些行動的可能性分別有多大，以及在每一種情況下該做些什麼。你要試著預測他們選擇不同行動的機率。再來，你就要評估他們跟進你的做法後，他們可能會為你增加多少潛在利益，以及他們不跟進的話，你失去市場占比的部分會造成多少潛在成本。

這樣的推測就形成了圖九的「賽局樹」。當你記錄下每一個動作和每一個對應的序列時，你應該選擇能讓你公司的預期價值最大化的路線。

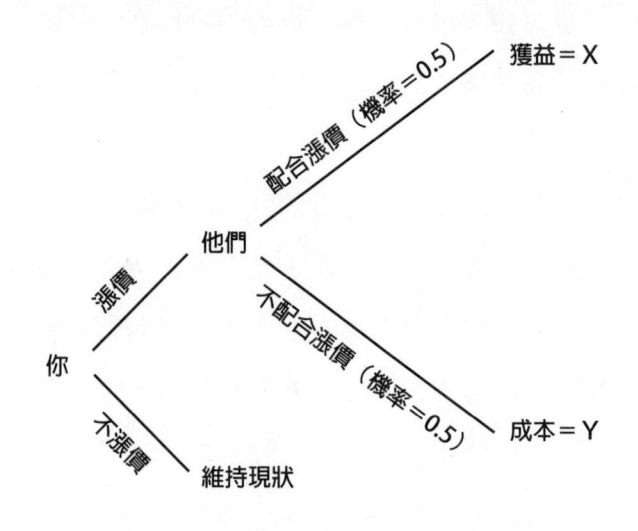

圖九：考慮漲價時用來釐清想法的賽局樹

在這個例子中，由於你認為競爭者採取行動的機率各是一半，如果他們跟著漲價的獲益會比他們不漲價的成本更高，那麼你漲價的預期獲利就會是正的。預期獲利＝ 0.5 × 獲益 ＋ 0.5 × 成本。如果獲益大於成本，那麼你的預期獲利就會大於零。

你可以從自己所在的位置開始畫出路徑圖，找到你想要的位置，藉此制定排序的策略，並同時考慮其他玩家的潛在反應。相較之下，**逆向歸納**是指時時向前看，清楚地看見你想抵達的終點，然後再向後回推到現在，以確定最佳的第一步。頂尖的西洋棋手會著眼於比賽的終點，想像自己想要得到怎樣的定位，再反向回推，制定實現目標的最佳計劃。[44]

時代規劃（era planning）是另一個相關的原則，也利用了逆向歸納的邏輯。第一步，是定義這個時代會持續多久，也就是你想要展望多遠的未來。在這個動盪的時代，如果你想制定超過兩三年的計畫，就有點不切實際了。當然，在疾病大流行、戰爭和嚴重的氣候事件等重大劇變之

---

44 Steven D. Levitt, John A. List and Sally E. Sadoff, "Checkmate: Exploring Backward Induction among Chess Players", *American Economic Review*, Volume 101, Issue 2, April 2011.

下，計畫可能會經歷大幅轉變（儘管如第二章所述，預見潛在的威脅並制定應對這些威脅的計畫非常重要）。

一旦確定了時代規劃的結束時間，下一步就是專注在兩個層次上：「什麼會成真」和「有哪些可能性」。為了方便描述，假設你正在規劃未來三年的職涯發展。你剛在一家中型公司當上銷售和行銷主管，並預計在這個職位工作三年。

「什麼會成真」的層面，就是三年結束時，你在這個職位上會取得怎樣的成就。要釐清這一點，你需要專注在你希望留下的名聲上。然後再利用逆向歸納的邏輯，定義你接下來的六個月內需要做什麼，並為實現這些目標奠定基礎。

「有哪些可能性」的層面，則和你現在要做的事情有關，你得為下一步要做的事情做出選擇。首先，是為自己找出至少三個、最多五個潛在的未來。盡量讓這些選項越清晰和準確越好。有些目標可能是你現在正在做的事情自然延伸的結果，例如成為現職公司的執行長。但開發一些更有野心或「更不受限」的選項也是件好事，例如成立自己的公司。就和「什麼會成真」的部分一樣，你接下來就要運用逆向歸納的邏輯，決定你要如何建立橋梁並打造使

這些潛在未來成為現實的選項。

你可以運用這種逆向歸納／時代規劃的邏輯,來制定你的商業策略。以下是一些可行的方式:

- 建立你的規劃範圍。
- 思考「什麼會成真」和「有哪些可能性」。
- 逆向推理短期內需要做什麼才能實現目標。

這樣的方法也能幫助你制定公司的願景,這部分我們會在下一章討論。

> 反思:在你和你的組織需要參與的遊戲中,你有多擅長考慮各種行動與反應?

該如何訓練思維敏捷性?

儘管思維敏捷性看起來更像是內在天賦,但你還是可以透過練習來加強。想要更擅長層次轉換,你首先需要理解它的本質和重要性,還有你該如何強化它。記得我們把策略思考的定義總結為天賦＋經驗＋訓練的總和嗎?你

也許已經有了足夠的經驗，能幫助你看見層次轉換在實務中的運作方式，也許是因為你和資深的策略思考者合作過了。在這之後，你需要的就是不斷練習，並規律地訓練自己養成層次轉換的心智習慣。你可以試著不斷透過各種角度，檢視你正在面對的狀況。試著把這樣的習慣與系統分析的訓練結合在一起。當你專注在某個問題上時，你可以停下來問自己一個問題：「用系統的角度來思考這個狀況，可以幫助我釐清重要的變動嗎？」如果可以，請你有意識地在「把系統視為整體來觀察」和「深入研究特定要素與連結」之間進行層次轉換。這麼做的同時，也請注意你是否太專注在過高的層次上，或者總是被小細節困住。當這樣的狀況發生時，請刻意提醒自己轉移你和其他人的注意力到其他層次上。

你可以運用同樣的方法來打造你（和團隊）的能力，從現在與未來的角度看待事情。專注在短期的未來是人之常情，所以請約束自己並提出這樣的問題：「這個狀況在接下來的一個月、六個月和一年後，會是什麼樣子？」然後問：「從未來的角度看待這件事，會幫助我們思考接下來要採取什麼行動嗎？」這麼一來，「現在與未來」的層次轉換，就會與思維敏捷性的賽局理論連結在一起。

同樣的方式在培養你「玩遊戲」的能力上也有幫助。請努力發展你預測行動與反應的能力。想一想，如果我們做了 A，對方很有可能會做 B，而如果我們做 X，對方很有可能會做 Y。在每一條行為與反應的路徑中，請試著多預測幾個「步驟」，然後再回推到現在，找出最好的下一步。

除了訓練你的心智肌肉之外，還有其他幾件事能培養你的思維敏捷性。玩西洋棋之類的遊戲也能幫助你內化思考行動與反應的能力，哪怕只是偶爾在手機上和虛擬對手對戰。競賽類的撲克牌遊戲也是另一個機會，能幫助你強化思考行動與反應的能力。如果有機會，你可以在線上打個橋牌，幫助你強化向其他人釋放訊號的能力。在橋牌中，每一輪的開始，每一個隊伍都會交換自己手上卡牌的訊號以暗示他們的卡牌強度，以及他們認為可以透過下注的過程共同達成什麼目標。

當你在處理更複雜的情境，或是與團隊進行策略思考時，情境演練也是個強大的方式，可以展望未來並預測可能的發展。情境演練的目標是拓寬你的視野，盡可能考慮可能的情況。這會讓你更注意組織遇到的威脅與機會，好讓你能建立強健的策略來應付外在環境重大的改變。

如果你想要為團隊建立策略思考能力，可以考慮組織

一個情境演練工作坊。這樣的練習可以促進團隊內的對話，思考潛在的未來以及它們的意義。除了團隊成員，你還可以考慮找具有相關專業知識與觀點的人員參加，共同討論公司未來的方向，這麼做可以促進創意與創新。

打造情境演練工作坊

在《情境思考》中，喬治・賴特和喬治・凱恩斯簡述了組織一個情境工作坊的八階段流程[45]：

1. 定義未來的主要問題，並設定解決這些問題的時間表。這個工作坊可以幫助人們採訪利害關係人，以便了解問題更廣泛的背景。
2. 確認推動策略格局變化的外部力量。首先是從個人層面上盡可能運用更多觀點，接著再從團隊的層次上釐清各項關鍵。
3. 將這些驅動力集中起來，能使大量的想法更容易被消化。展示各種力量之間的連結，人們會更

---

45 George Wright and George Cairns, *Scenario Thinking: Practical Approaches to the Future*, Palgrave Macmillan, 2011.

容易想像每種力量如何影響其他力量所帶來的結果。

4. 為每組力量定義兩種極端但都有可能的結果，然後確立它們對目標問題造成的影響程度。

5. 評估這些結果的不確定程度，並測試它們是不是相互獨立的，如果不是，就把它們合併為同一個要素，以便擴大可能性的範圍。

6. 對結果進行現實檢查，看看是否存在邏輯、規模和資訊方面的落差，好確保它們是有意義的。

7. 將結果分為最好的情況和最壞的情況，建構出實際的內容並進行批判性討論，以釐清最有可能發生的未來。

8. 將這些場景發展成故事情節，包括關鍵事件、時間架構以及事件發生的「人物和原因」。

這麼做的目的，是考慮商業環境的外部驅動因素，更清楚地辨認出各種威脅與機會。從這一刻起，領導者才可以考慮他們的組織對於不斷變化的環境有哪些優勢與劣勢。

如果你決定要組織一個工作坊，請記得尋找各種辦法來加深對話的深度。其中一種有建設性的方法，是讓成員分組辯論各種可能性，並找出有共識的解決方案，這個過程稱為**辯證式探詢**（dialectical inquiry）。另一種方法叫做**魔鬼代言人**（devil's advocacy），通常會讓一組人提出一套行動方案，再讓另一組人批判分析該方案的所有元素。

角色扮演則是另一種強大的方式，可以透過模擬遊戲中的玩家來預測行動與反應。行銷專家史考特‧阿姆斯壯發現，當情境越符合真實狀況的時候，角色扮演最能做出準確預測。完整模擬所有利害關係人的互動會很有幫助（競爭對手、顧客、稽查員，以此類推），這樣會促進預測的準確度。

總結

思維敏捷性是在不同工作之間轉換的能力，能夠幫助你轉移注意力和彈性思考。在策略思考中，這是你層次轉換與「玩遊戲」的能力。層次轉換是用不同層次的分析來看待同一個情況，並在各種層次中流暢移動的能力。玩遊戲的能力則是學會如何評估並贏得最重要的賽局，幫助你

贏過競爭對手。將兩者結合起來，能夠使你更有洞見並發展出更多商業策略。下一章我們會探討策略思考的第四項修練：**結構化解決問題**。

思維敏捷性檢查表

1. 對你而言，什麼時候最需要從不同分析角度或層次來看待組織的挑戰和機會？
2. 你認識擅長層次轉換的領導者嗎？你能從他們身上學到什麼？
3. 你能進行哪些練習來打造你的層次轉換能力？
4. 你的組織需要參與哪些重要的遊戲，才能創造價值和獲取價值？
5. 賽局理論的概念，例如先發制人、釋放訊號、保持平衡、定序及逆向歸納，能夠如何幫助你發展出更好的策略？
6. 如果想要成為更好的玩家，除了舉辦情境演練工作坊，你有什麼計畫？

> **更多學習資源**
>
> - 《策略的藝術》(*The Art of Strategy: A Game Theorist's Guide to Success in Business and Life*),阿維納許・迪克西(Avinash K. Dixit)、貝利・奈勒波夫(Barry J. Nalebuff)
> - 《賽局理論入門》(*Game Theory 101: The Complete Textbook*),威廉・斯潘尼爾(William Spaniel)

第四章

結構化解決問題

在前三章中，我們探索了策略思考的三項修練，能夠幫助你辨認與排定優先順序。模式辨認能讓你找出真正重要的目標；系統分析能幫助你為複雜的領域打造簡化的模型，強化你模式辨認的能力；思維敏捷性則能使你用不同的角度檢視挑戰與機會，並思考行動和反應。

接下來的三章會著重在「辨認－排序－行動」循環的行動部分，藉此應對威脅與機會。結構化解決問題可以幫助你系統化思考問題，並發展出潛在的解決方案；願景規劃能幫助你看見渴望的未來，並激勵你的組織共同實現它們；政治敏銳度則會讓你在內在與外在的政治環境中游刃有餘，能夠建立同盟來執行解決方案。

我們先從結構化解決問題開始，這是一種系統性的方法，能夠將問題分解成單獨的步驟，例如找出關鍵利害關係人、界定問題、產生潛在解決方案、評估和選擇最佳解決方案、執行解決方案。想要面對組織遇到的挑戰與機會，策略思考者必須主導結構化解決問題的流程，在提供架構的同時激勵創意。當解決問題變得太有組織性，有價值的觀點也許永遠都不會出現，有創意的解決方案也得不到足夠探索。

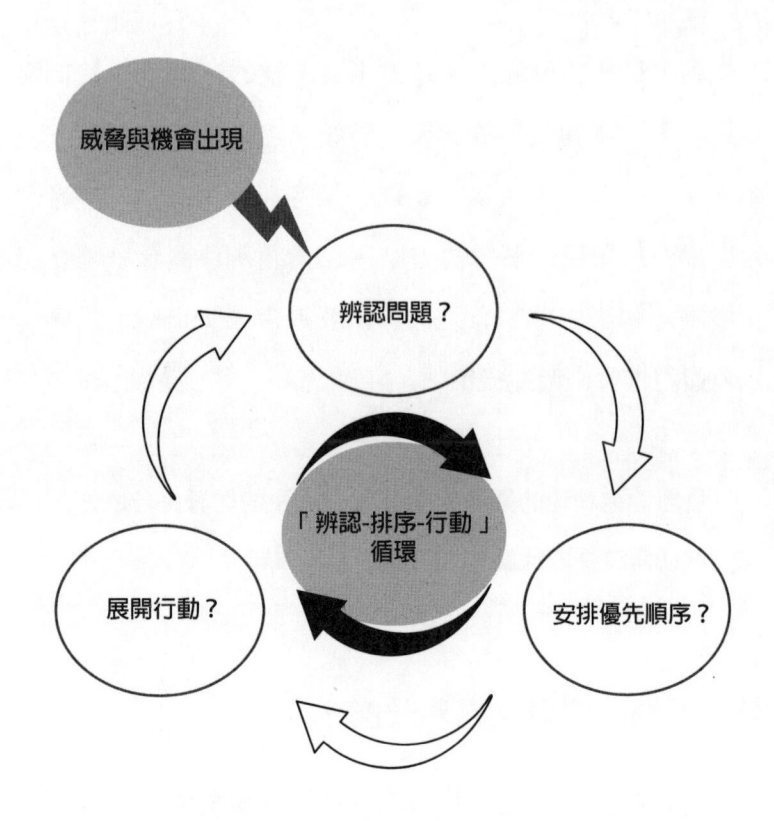

圖一：「辨認－排序－行動」循環

問題和決策是什麼？

　　結構化解決問題如果要有效率，最重要的就是了解所謂的「問題」和「決策」。「問題」一詞通常都有負面的涵義，會帶來威脅，而不是機會。但是，不論面對的是威脅

或機會，最佳的處理方法基本上是一樣的。因此，我們需要拓寬「解決問題」的定義，將好消息與壞消息都納入其中。另一方面，「決策」是從一組互斥的選項中，經過評估與權衡後選出一個解決方案。結構化解決問題則是在過程中制定解決方案，像是透過化解威脅來防止價值損害，以及運用機會來創造價值。

> 反思：你和你的團隊今天最需要解決的問題是什麼？你通常會採取什麼方式來應對這種挑戰？

棘手問題的困難之處是什麼？

決定要去哪裡吃午餐是高重複性低風險的問題，你的組織要面對的高風險問題則是另一回事。它們通常是新出現的，而且一點也不簡單。這種嶄新與複雜性的結合會嚴重影響結構化解決問題的流程和你主導它們的方式。

就定義上來說，你在過去已經處理過許多規律出現的問題了。當重複性的問題出現時，你就會用已經發展成熟的流程來想出解決方案，這個過程不需要太多判斷與創意。但當出現全新的問題時，你就不能用標準的劇本來面

對了。通常，你甚至沒辦法直接定義「問題」是什麼。在這種狀況下，定義問題（或是描述問題、尋找問題、界定問題）就是非常必要的早期階段。接下來，我會使用「界定問題」這個詞。

除了全新的挑戰之外，你的組織如今面臨的大多數重要問題都非常棘手，具有複雜性、不確定性、易變性和模糊性等各種因素。讓我們回顧一下：

- **複雜性**：代表組織的問題會出現在具有許多元素和相互依賴關係的系統中。這使釐清因果關係、預測即將發生的事、找到槓桿點變得很困難。為了解決複雜問題，**你需要投入精力打造最佳的系統模型**。
- **不確定性**：意味著在決定潛在解決方案和進行權衡時，需要考慮機率和進行風險評估。當其他利害關係人對風險的機率和偏好有不同的評估時，就更具有挑戰性了。他們可能會對「最佳方案」得出不同結論。**為了解決涉及多個利害關係人的不確定性，建立一個有共識的基礎來評估解決方案，並根據機率和風險偏好做出選擇，會很有幫助。**
- **易變性**：代表現有問題的嚴重性，可能會突然發生

變化，變得更嚴重或較緩和。更嚴重的問題也有可能在沒有任何警告的情況下出現。**當易變性很大時，你的組織必須要能感知變化，並快速重新評估解決問題的優先順序。**
- **模糊性**：意味著關鍵利害關係人對「問題是什麼」甚至是「有沒有問題」沒有共識。這也可能代表大家對於潛在解決方案以及用來評估它們的標準還沒有達到意見一致。**當意見模糊不清時，你必須在競爭的觀點之間進行協商，並教育關鍵利害關係人，力求在界定問題和評估標準上取得共識。**

複雜性、不確定性、易變性和模糊性所帶來的綜合影響，也許會讓你面臨的問題看起來非常難駕馭，此時就必須運用結構化解決問題流程。請專注發展你主導流程的能力，好讓你能夠解決棘手問題。如果可以做好這一點，會是個很有力的競爭優勢（對你和你的組織都是如此）。

> 反思：挑一個你的組織需要界定並解決的重要問題。在複雜性、不確定性、易變性和模糊性當中，哪一點會帶來最嚴重的挑戰？會有哪些影響？

主導結構化解決問題流程

人類解決問題的概念其實很久以前就有了,比方說1910年,美國哲學家約翰‧杜威就出了一本書叫《我們如何思考》。這本談論批判性思考的書提出了五個步驟:發現困難、找出問題、提出解決問題的假設、完善各種假設、進行測試。

在組織裡,這個過程複雜多了,通常需要一群人一起思考。此外,要實際動手執行「解決方案」,通常也需要不少資源。所以,組織解決問題的方式,跟杜威提的思考過程有些不同。

想像一下,你辨認出以前沒遇過的重要問題,而你現在要運用資源去界定並解決問題。你該怎麼辦呢?下列五個階段能夠發揮結構化解決問題的力量。每個階段中都列出了幾個能夠引導你的問題:

階段一:定義角色和溝通流程

- 誰得參與解決問題的流程?各自扮演什麼角色?
- 如何把這套流程溝通清楚?會有什麼影響?

階段二：界定問題
- 如何將問題定義為有待審查的具體疑問？
- 要用什麼標準來評估潛在解決方案的適用性？
- 你預期需要克服的最大障礙是什麼？

階段三：探索潛在方案
- 哪些潛在解決方案有可能成功？
- 如何找到或制定不同的方案？

階段四：決定最佳方案
- 按照你的標準，最好的解決方案是什麼？
- 遇到不確定性時，你會怎麼應對？

階段五：付諸實際行動
- 需要分配哪些資源來實現解決方案？
- 需要做些什麼，又該由誰來做？

一旦你成功解決了一個大問題，然後踏上前進的道路，你可能會發現還有其他問題需要面對。因此，讓我們把這五個階段變成圖十的流程圖。每一次的循環通常都會

帶來新的挑戰需要克服。

圖的中心是用來提醒你努力平衡大腦：左腦更注重結構和邏輯，右腦則更注重創意和靈感。創意能夠在五個階段中發揮作用，但結構在整個流程中也是不可或缺的。

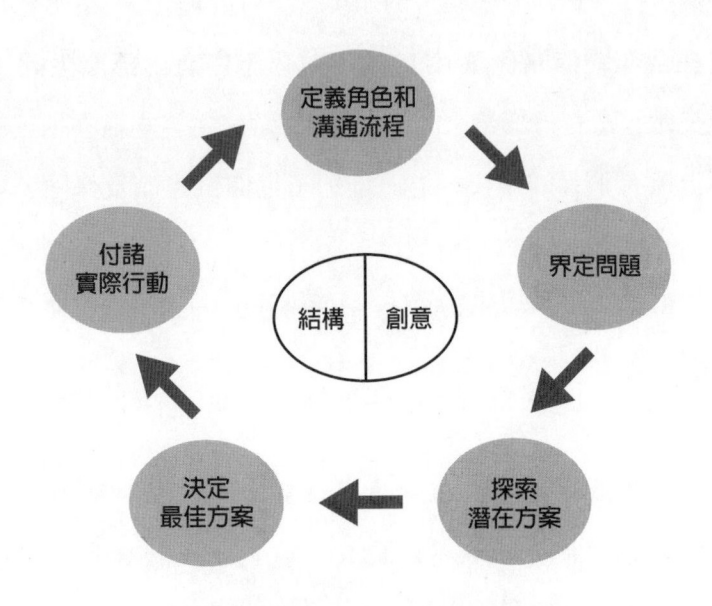

圖十：結構化解決問題五階段流程

反思：今天你如何活用結構化解決問題的力量？你現在的方法有什麼優點和弱點？

為了更具體地說明結構化解決問題的情境，讓我們回想吉恩・伍茲成為 CHS 執行長後所進行的策略制定工作。

他接手的是一個已經成功、規模適中的醫療保健系統。CHS 的成功一部分來自與附近的醫療保健系統簽訂合約並提供各式管理服務，例如後勤支付處理等。2016 年，這些合作夥伴關係讓 CHS 的年收入不僅有內部產生的 50 億美元，還有外部帶來的 30 多億美元。這讓組織在地理範圍上擁有更大的規模，進而增加了它與供應商及保險公司談判的實力。

但是，伍茲卻認為 CHS 管理服務的方式可能會使公司面臨威脅：

我意識到這些夥伴關係並沒有真正往整合的方向發展。我們的價值正在不斷流失。我們也支援比較弱勢的醫療系統，矛盾的是，這反而令他們在管理服務需要續約時，有更多籌碼和我們談判，就像我剛上任不久時的情況一樣……當我停下來思考，我發現除非我們能夠透過與其他系統合作達到更大的規模，否則難以長久保持競爭力。

另外，伍茲也認為產業整合的趨勢可能還會持續擴

大，甚至可能變得更快。他的結論是，CHS必須主動與其他醫療保健系統建立夥伴關係（也就是成為該地區的先行者），否則最終可能會被其他公司收購。伍茲把這種潛在成長機會的探索，稱為他的「下一代網路策略」。這個策略的基礎就是用五階段流程來界定並解決組織的重要問題。

階段一：定義角色和溝通流程

大多數決策者都需要讓他們的領導團隊和其他人參與流程。這會增加事情的複雜性，因為這些人（1）通常與你的問題有利害關係，而且（2）會影響你界定並解決問題的能力。舉例來說，當伍茲在制定 Atrium Health 的下一代網路策略時，他就需要定期與董事會溝通。為了最有效地與利害關係人互動，首先得搞清楚他們是誰。然後，你可以運用「批准者－支持者－被諮詢者－被告知者」架構來決定如何讓他們參與。[46]

---

[46] 這是著名的「責任分配矩陣」（也叫 RACI 矩陣，四個英文縮寫分別代表：負責者、當責者、被諮詢者、被告知者）的改編版，其原始版本在 1950 年代用於專案管理。有關該方法的概述，請參閱 Bob Kantor, "The RACI matrix: Your blueprint for project success", CIO, 14 September 2022, www.cio.com/article/287088/project-management-how-to-design-a-successful-raci-project-plan.html.

- **批准者**：你需要他們的正式批准，尤其是當你需要做出重要決策或承諾時。例如，伍茲知道，任何涉及與另一個醫療保健系統合併的大型交易，都要得到州政府和聯邦政府反壟斷監管機構的批准。

- **支持者**：他們擁有你所需要的資源，包括人力、資金、資訊和人脈。伍茲需要董事會的支持，不僅僅是為了批准可能的交易，還需要他們的支持來資助關鍵活動。

- **被諮詢者**：他們的參與相當重要，或是你想得到他們對關鍵問題的意見，或者兩者皆是。有時候，他們可能是後期階段會成為「批准者」或「支持者」的利害關係人，所以你希望早點讓他們參與。

- **被告知者**：你需要單方面告知他們最新進展。通常情況下，這是因為他們在後期可能會扮演更積極的角色。

在開始解決問題之前，請先完成「批准者－支持者－被諮詢者－被告知者」表格。找出關鍵利害關係人以及你預期他們在整個過程中扮演的角色。隨著流程進展，你可能需要不斷更新表格，因為你對利害關係人及其角色的理

解，會隨著你得到更多資訊而改變。作為範例，下表總結了伍茲需要涉及的利害關係人。

	批准者	支持者	被諮詢者	被告知者
階段一： 定義角色和溝通流程	・董事會	・董事會 ・首席幕僚 ・財務長 ・總法律顧問	・政府關係人員	・負責與其他系統現有關係的領導者
階段二： 界定問題		・高階主管團隊		
階段三： 探索潛在方案		・擴大的領導團隊	・關鍵組織思想領袖 ・外部顧問	
階段四： 決定最佳方案	・董事會	・擴大的領導團隊	・關鍵組織思想領袖 ・外部顧問	・參與策略執行的組織領導者
階段五： 付諸實際行動	・董事會 ・州政府與聯邦政府監管單位	・外部法律與監管顧問	・參與策略執行的組織領導者	

**Atrium Health「下一代網路策略」的
「批准者－支持者－被諮詢者－被告知者」表格**

下一步，是和利害關係人溝通你嘗試解決的問題。告知他們你的目標，他們才能理解目前正在發生的情況。此外，「公平流程的力量」能在每個階段的進展中幫助你

得到更多支持。研究指出，如果人們認為決策過程是公平的，他們就更有可能接受結果，即使這些結果對他們來說並不完全有利。[47] 在結構化解決問題的情境下，這意味著整個過程必須是透明公開的。

> 反思：在過去的經驗中，你是否經歷過因為沒有及早與利害關係人接洽，而導致問題難以解決的狀況？

階段二：界定問題

當問題是新出現的而且特別有挑戰性的時候，就有必要嚴格地界定這些問題。實際上，這可能是整個過程中最為重要的階段。正如愛因斯坦和英費爾德在《物理學的進化》中所說：

> 提出問題的重要性往往超過它本身的解決方案，因為解決方案也許僅僅是數學或實驗技能的事。提出新問題、

---

[47] 公平流程的概念，根植於對法律中程序正義的思考。有關其概述，請參閱 "Procedural justice", Wikimedia Foundation, accessed 14 April 2022, en.wikipedia.org/wiki/Procedural_justice. 有關將此概念應用於領導力的範例，請參閱 W. Chan Kim and Renée Mauborgne, "Fair Process: Managing in the Knowledge Economy", *Harvard Business Review*, January 2003.

探索新的可能性、從新的角度看待老問題需要創造性的想像力，並且象徵著真正的科學進步。[48]

界定問題代表著：
1. 以需要得到回答的疑問形式來定義問題。
2. 明確設定用於評估潛在解決方案是否適用的標準。
3. 找出想要成功必須克服的最重要潛在障礙。

前期要做的事情似乎有點多，但要是能夠有效解決問題，其實會省下不少時間。在阿諾・謝瓦里耶和阿爾布雷特・恩德斯的著作《複雜問題簡單解決》中，他們介紹了一種定義問題的方法，它運用了「英雄旅程」（想想《星際大戰》中的路克・天行者）的敘事架構。[49] 他們鼓勵領導者以這樣的方式來定義問題，就好比英雄開始尋找寶藏的任務，在這過程中他們必須擊敗一條或者很多條龍。

那麼，英雄、任務、寶藏和龍是誰或是什麼？

---

[48] Albert Einstein and Leopold Infeld, *The Evolution of Physics*, Cambridge University Press, 1938.
[49] Arnaud Chevallier and Albrecht Enders, *Solvable: A Simple Solution to Complex Problems*, FT Publishing International, 2022.

- **英雄**當然是你，身為領導者，你必須界定並解決重大的組織問題。
- **任務**是你踏上旅程的原因，你必須提出能明確定義問題的疑問。
- **寶藏**是最佳的解決方案以及執行它之後的好處。
- **龍**是你沿途必須面對和克服的潛在障礙。

恩德斯和謝瓦里耶的架構很有幫助，因為它將整個過程去蕪存菁，變成令人難忘的思考方式。**當問題解決的過程牽涉到多個利害關係人時，這一點尤其有價值**。為什麼？因為這個架構是一種「共同語言」，可以幫助你使利害關係人對問題、潛在解決方案和評估標準的各種觀點保持共識。對任務、寶藏和龍的定義達成協議，能夠幫助你更有效地管理利害關係人。

界定問題的第一步就是**精確地提出能夠使問題更具體的疑問**。這時候，你得找到一個平衡點，不要太野心勃勃，也不要太保守。如果你提出太不切實際的問題，或是增添不必要的困難，就會弄巧成拙。同樣地，也不要太過鑽牛角尖，把時間浪費在無關緊要的問題上。

在定義問題時，要有點策略，也要有創意。策略是

指你要考慮到所有利害關係人的利益,把問題設計得符合各方的需求。創意則是要理解並利用人們思考中的一些偏見,把事情往前推進。

恩德斯和謝瓦里耶提到了一個有趣的例子:

兩個住在修道院的修士希望能在禱告時抽菸。這樣做的結果可能是他們的禱告時間增加,但在禱告時的專注力變差,所以難以評估有沒有真正的好處。第一個修士問院長:「我可以在禱告的時候抽菸嗎?」結果被拒絕了。第二個修士也問院長:「我可以在抽菸的時候禱告嗎?」結果得到了許可。[50]

這段文字顯示出人們對於收益和損失的看法,尤其是眾所周知的決策偏見,即**損失迴避**。根據認知心理學的研究,人們更關注如何避免損失,而不是獲得相等的利益。[51]第一個修士提出請求時強調了院長可能面臨的損失:在禱告時抽菸可能會破壞禱告的品質。第二位修士則強調了院

---

50 ibid.
51 Amos Tversky and Daniel Kahneman, " Loss Aversion in Riskless Choice: A Reference-Dependent Model" , *The Quarterly Journal of Economics*, Volume 106, Issue 4, November 1991.

長可能獲得的利益：在抽菸時禱告可能會帶來更多的禱告時間。

這能夠引導我們進入界定問題的第二步，那就是**明確制定出用於評估潛在解決方案的標準**。評估標準可以幫助你回答以下問題：

- 對於可接受的問題解決方案（寶藏）必須具備哪些事實？
- 如何評估潛在解決方案的相對吸引力？

你必須有一套清楚、簡潔又全面的標準。舉例來說，你在挑選餐廳時，說「味道不錯」、「讓人滿意」和「感覺很好」，這樣的用詞太模糊了，根本不是明確的評價。同時，也要盡量確定最重要的標準。太多的評估標準可能會帶來負面效果。在領導團隊的支持下，伍茲制定了一套評估與其他醫療保健系統潛在交易的標準，如圖十一所示。

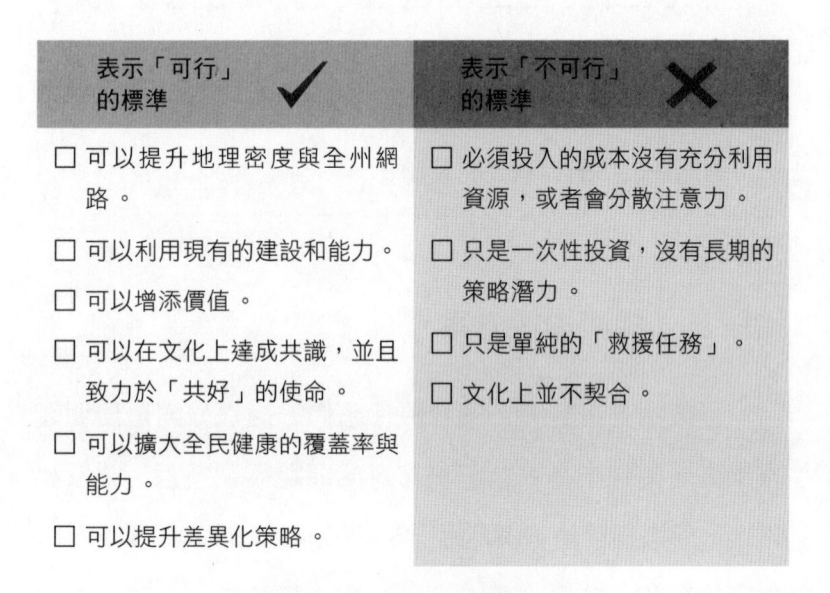

表示「可行」的標準 ✓	表示「不可行」的標準 ✗
☐ 可以提升地理密度與全州網路。	☐ 必須投入的成本沒有充分利用資源，或者會分散注意力。
☐ 可以利用現有的建設和能力。	☐ 只是一次性投資，沒有長期的策略潛力。
☐ 可以增添價值。	☐ 只是單純的「救援任務」。
☐ 可以在文化上達成共識，並且致力於「共好」的使命。	☐ 文化上並不契合。
☐ 可以擴大全民健康的覆蓋率與能力。	
☐ 可以提升差異化策略。	

圖十一：伍茲的評估標準

　　界定問題的第三步，也是最後一步，就是**找出過程中可能會阻礙你追尋寶藏的障礙**。這有助於你在朝著探索解決方案、評估選擇和做決定的方向邁進之前，預見可能的障礙。伍茲看見的龍有三條：

1. 幫助團隊成員適應模糊性並放棄先入為主的策略。
2. 說服董事會和其他主要利害關係人，「雖然過去的模式成功，但仍需要採用不同的方式發展」。
3. 重新組建領導團隊，增加推動新方法需要的人才。

> 反思：想想你正在解決的重大組織問題。你是否清楚界定了問題？使用恩德斯和謝瓦里耶的方法來協調利害關係人，對你有沒有幫助？

階段三：探索潛在方案

將探索潛在解決方案和評估它們的過程分開是個明智的作法。為什麼？因為解決複雜的問題需要創意、靈感和眼光，而選擇解決方案則需要冷靜分析。過早的評估有時會扼殺創意。就像麥可·羅伯托在《釋放創造力》一書中所說的，「不幸的是，如果不能有建設性地處理不同意見和反對觀點，許多好點子就會中途夭折。」[52]

首先，你要弄清楚需要使用哪種探索模式。如果解決方案明顯且固定，情況就直截了當。讓我們回到選擇午餐地點的例子，如果我們熟知附近的社區，確定有多少用餐時間，也知道有哪些選項，那麼直接做出選擇就好，根本不需要探索。當潛在解決方案比較明顯時，可以省略探索的步驟，直接進入評估。當然，前提是沒有餐廳倒閉或新

---

[52] Michael A. Roberto, *Unlocking Creativity: How to Solve Any Problem and Make the Best Decisions by Shifting Creative Mindsets*, Wiley, 2019.

開幕等變數,你就可以專注在計畫上。

如果解決方案不是那麼明顯,但應該是存在的,你的探索就必須是**有效搜尋**。投入一些資源,尋找潛在解決方案,一直持續下去,直到發現所有可能的選項。不過,當搜尋成本太高或時間有限時,你可能需要設定一些停損點。也就是說,你要一直找,直到找到幾個看似合理的選項,然後就該轉向更嚴格的評估。(當然,有時在時間緊迫的情況下,找到一組潛在解決方案後立即停下來也是合理的。)

如果找不到合適的解決方案,你就需要將問題拆解。你可以運用分析工具,例如建立系統模型(本書第二章)和分析根本原因,深入了解問題的驅動因素,找出簡單的處理方法和最具挑戰性的子問題等等。接著,你可以用創意來建立潛在的解決方案。分析根本原因就是將問題細分為更詳細的小部分,圖十二就透過這個方式來展示如何查出製造工廠運輸延誤的原因。

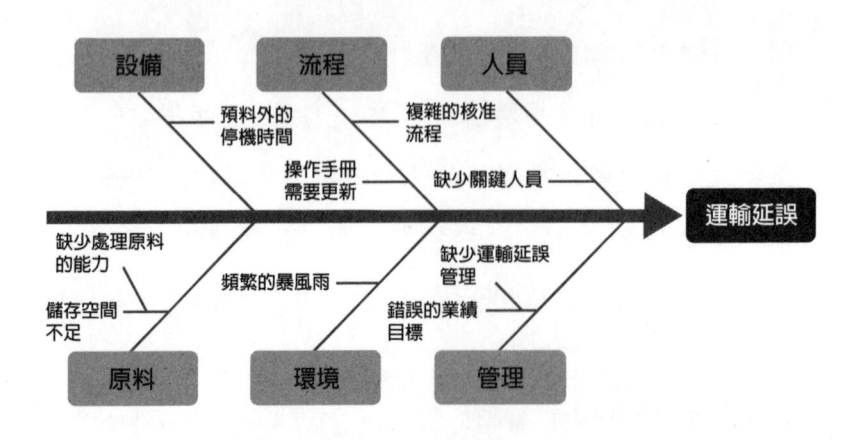

圖十二：運輸延誤的根本原因分析

　　這張圖將問題的根本原因分成了符合邏輯的不同類別，例如設備、原料和流程。這能夠幫助我們找到權宜之計，同時也能開發新的處理方式（例如減少設備停機時間）。要做到這一點，就需要找到富有創意的人才並激勵他們。舉例來說，不要強加太多結構或者過分局限流程，要給創意思考充足的時間和空間。格雷厄姆・華勒斯在他的著作《思考的藝術》裡提到，時間在釋放創意的過程中是相當關鍵的[53]：

---

53 Graham Wallas, *The Art of Thought*, Harcourt, Brace and Company, 1926.

1. **準備階段**：有創意的人思考問題並探索各種層面。
2. **培養階段**：問題被內化到潛意識中。
3. **暗示階段**：有創意的人「感覺」解決方案即將浮現。
4. **啟發階段**：創意從潛意識中爆發到意識層面。
5. **驗證階段**：想法被有意識地驗證、闡述及應用。

> 反思：回到你正致力解決的重大問題上，你會用什麼方法去探索可能的解決方案呢？

階段四：決定最佳方案

一旦列出了所有可能的選擇，下一步就是仔細評估並從中挑選出最合適的。如果每個標準都同等重要，評價就只是單純的是或否而已。不過，現實中評估常常需要**權衡**。想像一下，你在考慮今天午餐要吃什麼，而你只有兩個考量：口味和花費的時間。如果你更喜歡義大利料理，但去義大利餐廳會花較多時間，你願意為了更好的味道多花一點時間嗎？或許你能忍受再多花個五分鐘，但一小時呢？可能不太行。但如果是二十分鐘呢？或許就可以考慮。這就是權衡的問題。

當你的標準可以用具體的方式衡量（例如時間或金錢），做出權衡相對容易。但是，當評估的是品質，情況就變複雜了。這時，你可以考慮建立一個評分系統，就像哥倫比亞商學院的案例研究〈達成交易〉中提到的那樣：[54]

- 定義評估選項的不同維度（已經在界定問題階段就完成了）。
- 將每個維度按照偏好排序，從最不理想到最理想。
- 給每個維度一個分數，從 0 到 100，100 分表示最理想，然後把你的選項放進去。
- 根據每個維度的重要性給予「權重」，權重加總應該等於 1（比如，如果有四個維度，就可以分配權重為 0.3、0.2、0.4、0.1 ）。
- 把每個選項在每個維度的分數乘以對應的權重，然後把結果相加，得到每個選項的總分。

繼續以餐廳選擇為例，假設你已經定出了評分摘要。

---

54 Daniel Ames, Richard Larrick and Michael Morris, "Scoring a Deal: Valuing Outcomes in Multi-Issue Negotiations", Columbia CaseWorks: Columbia Business School, spring 2012.

你的評價標準是口味、價格、總用餐時間和營養價值。你的選項則有泰國餐廳、墨西哥餐廳和義大利餐廳。

選擇餐廳的評分系統

在你看總分之前,先考慮一下口味、價格、時間和營養價值這四項的權重吧。別忘了,這四項的總和必須是 1。在這裡,你很在意時間,稍微有點在意口味和成本,對營養價值只有一點點在意。(看來,現在的你不太擔心健康問題。)

	口味	價格	時間	營養價值	總分
權重（總和為 1）	0.3	0.2	0.4	0.1	
泰國餐廳	90	90	85	90	88
墨西哥餐廳	70	100	100	50	86
義大利餐廳	100	70	40	100	70

現在,讓我們看看每家餐廳在價格和口味方面的得分。回憶一下,每個方面的評分範圍都是從 0 到 100。在價格方面,你給墨西哥餐廳 100 分,認為它最便宜;泰國

餐廳尾隨在後，拿了 90 分；義大利餐廳只有 70 分，開銷高了點。不過，口味方面，義大利菜是你最愛的，100 分；泰國菜 90 分；墨西哥菜稍微不滿意，只給 70 分。

最後，我們再把每個選項的分數相加看總分。儘管泰國餐廳在單一表現上可能沒有勝過其他餐廳，但在整體分析中，它居然名列前茅。為什麼？因為它在許多方面表現都相當不錯。這突顯出經過嚴謹評估的權衡，有時能產生出乎意料的「最佳」結果。

當然，使用這種分數的分析方法前，你需要先知道它的限制。首先，這種方法是假設你能夠在 0 到 100 的線性評分表上做出一系列選擇，例如口味和時間。但實際上，這其中可能有一些非線性的存在。例如，如果你只有三十分鐘吃午餐，而去泰國餐廳需要四十分鐘。這會對你的評估產生什麼影響呢？

另外，這種方法也假設幾種方案的比較是相加性的，也就是你可以將加權分數相加得出總分。當分數之間沒有重要的相互作用時，就適用這種方法，但這通常不是實際狀況。

這並不代表評分系統一點幫助都沒有。這個方式可以用來引導你思考，但它只能當作一種參考，不能當成絕對

的決定。看看結果，問問自己，**這感覺對嗎？我們有沒有在每個方面做出正確的重要性分配？對選項的評分也是正確的嗎？我們必須考慮的每個維度是否存在非線性或關聯性？**

你也可以引入不確定性，藉此創造更複雜的評分方式。例如，假設你知道墨西哥餐廳通常會在十分鐘內上菜，但泰國餐廳可能在五到二十五分鐘之間，那麼你就可以給每個時間範圍分配一些機率，這樣你就可以根據預期價值的基礎，更精準地評估選項。

最後，最好是在你界定問題的時候就建立評分系統，而不是在評估選項的時候。這麼做有助於讓你更加客觀，因為當你已經熟悉選項並且可能已經對它們進行了非正式評估時，就有可能會被既定的想法左右權重和評分。

> 反思：你在評估眼前問題的解決方案時，都是怎麼做的？你和你的團隊夠不夠嚴謹呢？

階段五：付諸實際行動

最後，這些解決方案並不是組織問題的終極「解答」，

它們更像是**前進的指引**。健全的解決方案包含目標、策略、計畫、資源承諾。當你致力於解決一個大問題時，通常需要做出大量、無法撤回的資源承諾來實現它。這不僅包括直接行動的成本，還有那些未採用的其他選擇所帶來的機會成本。

舉個例子，如果你在泰國餐廳用餐後感到失望，或許你一瞬間會想「我應該選義大利餐廳的」，但你可能很快就會冷靜下來，告訴自己「好吧，我明天再去就好了」。當然，如果組織無法解決重大問題，後果可就嚴重多了。好消息是，隨著情勢變化和更深入的了解，你通常能夠在某種程度上進行調整。這個流程還可能會揭露一些意想不到的問題，它們也許會成為進一步解決問題的焦點，讓流程繼續進行下去。在整個流程中，你可能需要不斷前進和回頭，就像圖十三所展示的那樣。

> 反思：你的組織在執行複雜問題的解決方案時，獲得了多大的成功呢？

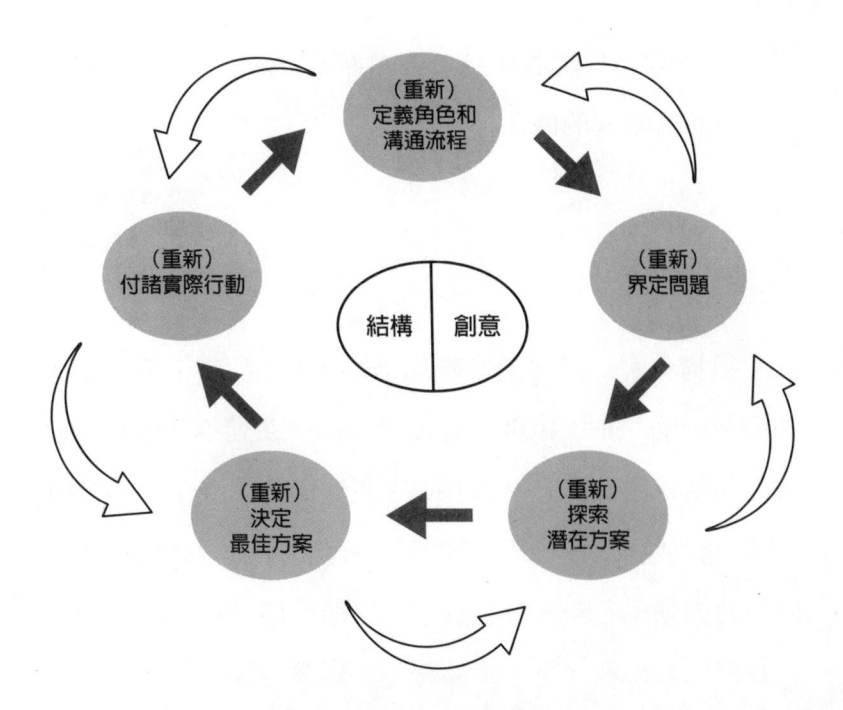

圖十三：在結構化解決問題五階段流程中雙向移動

訓練結構化解決問題的能力

結構化解決問題的能力想要進步，首先要掌握基本原則，例如解決問題的步驟，每個步驟中使用的工具和技巧，以及通常會遇到的陷阱和挑戰。結構化解決問題是一種隨著實踐和經驗累積而提升的能力。你練習得越多就會越擅長。這可能包括解決各種問題，並尋求他人的反饋和

指導。你也可以試著找到參與由經驗豐富的人主導的結構化解決問題流程的機會。

總結

　　結構化解決問題是策略思考的修練，能夠引導你解決組織所面臨的重大挑戰。這個過程由一系列不同的步驟組成，包括找出關鍵利害關係人、界定問題、產生潛在解決方案、評估和選擇最佳方案，最終付諸行動。結構化解決問題的力量，有一部分在於它能幫助你協調利害關係人，好實現你的目標。下一章將聚焦於**願景規劃**，它能幫助你描繪並實現引人入勝的未來。

結構化解決問題檢查表

1. 你的組織在定義和解決眼前最重大的問題時效率如何？有哪些優勢和劣勢？
2. 在早期階段，你如何跟關鍵利害關係人溝通？你嘗試過「批准者－支持者－被諮詢者－被告知者」評量嗎？

3. 你可以做些什麼來提升界定問題的效率,包括向你的團隊定義和溝通任務、寶藏和龍?
4. 在探索解決方案的過程中,你是否成功平衡了分析和創意?
5. 你在評估選項時是否足夠嚴謹,以確保做出正確的權衡?

> **更多學習資源**
>
> - 《複雜問題簡單解決》(*Solvable: A Simple Solution to Complex Problems*),阿諾・謝瓦里耶(Arnaud Chevallier)、阿爾布雷特・恩德斯(Albrecht Enders)
> - 《關鍵決策的藝術》(*The Art of Critical Decision Making*),麥可・羅伯托(Michael A. Roberto)
> - 《在數位世界帶團隊》(*Leading in the Digital World: How to Foster Creativity, Collaboration, and Inclusivity*),穆克吉(Amit S. Mukherjee)

第五章

願景規劃

願景規劃是想像志向遠大且有機會實現的潛在未來，然後動員你的組織實現它們的能力。願景規劃是在當前的現實和潛在的未來之間建立橋梁。你不能只是設想美好的未來，還必須與人們溝通你的願景，並激發他們的動力。你必須化繁為簡，用明確又有說服力的方式表達你的願景（以及實現它的策略）。

願景是什麼？

對於企業領袖而言，願景就像一個引人入勝的心靈畫面，描述了當策略完全實現時的組織面貌和氛圍。一個好的願景能夠定義一個有意義且令人嚮往的未來。願景應該要可以回答一些核心問題：組織需要做些什麼（使命）、優先次序是什麼（核心目標）、該如何前進（策略），以及當願景實現時，組織會呈現怎樣的面貌，人們又要如何參與其中？

用一位領導者的話來說，願景是一張「以最簡化的方式呈現，既明亮又清晰的未來圖像」。另一位領導者則指出，好的願景必須生動而具體，他這樣解釋道：「它描述了組織未來的工作方式，但這種描述應該讓組織能夠施展本

領，否則就不是一個真正的願景。」

我們必須將願景和使命、核心目標、策略等概念區分開來。願景不是這些事物：

- 願景不是使命，使命是組織領導者希望組織去做並因此而聞名的事。
- 願景不是一系列的核心目標，核心目標是定義任務目標的優先事項。
- 願景不是策略，策略是實現使命和核心目標的整體方向。

當然，組織的願景必須與它的使命、核心目標和策略一致。若意義、目的和願景沒有強大的連結性和一致性，就很難產生能帶來實質和積極改變的事物。一位我訪談過的領導者這樣說道：「人們必須能夠說出，『哦，我明白這一切（使命、核心目標、策略）是如何結合在一起的。我明白我們要去哪裡。』」

更重要的是，我們必須區分願景和目的（purpose），目的也是組織必須保持一致的另一個重要元素。正如彼得·聖吉所言：「願景與目的是不一樣的。目的是大致的方

向。願景則是具體的目的地，是理想未來的圖像。目的是『提高人類探索天空的能力』，願景則是『在 1960 年代讓人類登上月球。』」[55]

目的和願景相輔相成，沒有願景的強大目的，會使你的組織沒有明確的目的地，無法在波濤洶湧的水域中開闢一條道路。即使是滿腔熱情的人孜孜不倦地朝著某個目標努力，他們成就的事物通常無法持續，不是走得不夠遠，就是達不到其應有的潛力。不過，透過在整個組織中注入共同的願景，你就可以調整行事作風，推動員工邁向理想的未來，並減輕對不確定世界的焦慮。

爲什麼願景規劃如此重要？

空泛的企業宗旨，可能會使願景顯得陳腔濫調。 1997 年，麥克馬斯特大學德格魯特商學院前教授克里斯·巴特在〈性、謊言和使命宣言〉的論文中，提出了「謊言與扭曲事實」的兩個結論，指出「絕大多數的使命宣言都不值

---

55 更多關於願景規劃的流程，請參閱 Chapter 11 of Senge, The Fifth Discipline。

得一寫」。[56]前西德總理赫爾穆特‧施密特說得更直接。當人們問及他的遠大願景時，他說：「任何有願景的人都應該去看醫生。」[57]

但是正如嬌生公司前高階主管特洛伊‧泰勒（Troy Taylor）所說：「願景會幫助組織了解你想去哪裡，你要做什麼才能到達目的地，當你達成時生活又會是什麼樣子。」令人信服的願景會產生朝目標邁進的熱情。你可能制定了世界上最好的策略，但如果你的團隊不明白為什麼要採取行動、目的地在哪裡、需要完成什麼、如何才能實現，那麼你的策略就毫無用處。透過去蕪存菁、告知和啟發等溝通，願景能夠提供關於「原因」和「目的」的清晰藍圖。

如果做得好，願景可以組織並激勵你的團隊一起追求共同的目標。有願景的領導者可以提供鼓舞人心的目標，幫助組織克服自身利益和派系之爭。歷史就提供了充足的例子。曼德拉是一位非凡的政治領袖，他克服了衝突，透過願景激勵人們攜手跨越種族和政治分歧，並且讓南非團結起來。

---

56 Christopher K. Bart, "Sex, lie, and mission statements", *Business Horizons*, Volume 40, Issue 6, November–December 1997.
57 For original quotation see Susan Ratcliffe (ed.), *Oxford Essential Quotations (4 ed.)*, Oxford University Press, published online, 2016.

在商業領域，有願景的領導者會為他們的組織帶來活力。令人信服的願景可以幫助員工了解他們的工作為企業的成功帶來哪些貢獻，並進一步推動企業的使命和目的。這可以帶來巨大的好處。當願景與員工的個人價值觀一致時，效果就更好了。有研究表示，員工願意犧牲未來的收入，來從事他們認為有意義的工作。此外，覺得自己的工作有意義的員工，辭職的可能性也降低了69％，這可以為組織節省大量的人員流動成本。[58] 一項針對5萬多名員工的相關研究顯示，認為公司願景有意義的員工，具有較高的敬業度，比平均值高出18％。[59]

此外，願景規劃能夠支持你與他人建立同盟時必須做的基本工作，這一點會在下一章討論。願景規劃能使領導者建立個人關係並形成網路，為個人、團隊和組織的成功奠定基礎。這對於新任命的執行長尤其有用，因為他們需要贏得利害關係人的支持、針對他們的策略創造期待，以及建立關鍵的早期動力。因此，有效的願景可以降低領

---

[58] Shawn Achor, Andrew Reece, Gabriella Rosen Kellerman and Alexi Robichaux, "9 Out of 10 People Are Willing to Earn Less Money to Do More-Meaningful Work", *Harvard Business Review*, 6 November 2018.

[59] Joseph Folkman, "8 Ways To Ensure Your Vision Is Valued", *Forbes*, 22 April 2014.

導層轉換的風險,對從組織外部聘請執行長的公司尤其重要。如果利害關係人一開始不為所動、懷疑或心懷不滿,這些被挖角來的主管表現往往會不太好。

> 反思:你碰過最有效的願景是什麼?你有沒有見過打造共同願景卻失敗的案例?如果有,為什麼會發生這種情況?

如何產生願景?

想要產生願景,你可以向前展望再向後推理。其邏輯類似於賽局理論中的逆向歸納法,正如第三章所寫的,你及時向前看,想像出一個理想的未來狀態,然後回過頭來定義想實現目標需要做些什麼。或者,你也可以盤點並想像可能性。為此,你需要清點可用的資源,並設想可以利用這些資源實現什麼目標,這個過程在創業研究中被稱為「創效」(effectuation)。[60] 我們今天手上有什麼,我們有哪

---

60 John T. Perry, Gaylen N. Chandler and Gergana Markova, "Entrepreneurial Effectuation: A Review and Suggestions for Future Research", *Entrepreneurship Theory and Practice*, Volume 36, Issue 4, July 2012.

些已經做得很好並且能以此為基礎來繼續發展的東西？

無論你是向後還是向前規劃，目標都是想像志向遠大且有機會實現的潛在未來。志向遠大是很重要的，因為實現願景需要你和組織的努力。在《基業長青》一書中，詹姆‧柯林斯和傑瑞‧薄樂斯創造了「BHAG」（宏偉、艱難、大膽的目標）一詞來描述願景和野心齊頭並進的需求。[61]

但你的願景不能被當成「天上掉下來的餡餅」或不可能實現的目標。美國前總統約翰‧甘迺迪在1961年的就職演說中向美國人提出的挑戰：在十年之內將人類送上月球[62]，就幾乎滿足這兩個標準（第一次登陸發生在1969年7月[63]）。這個例子強調了在願景中留下靈活性有多重要，以便在遇到無法克服的障礙時創造出更多選擇。想像一下，當你沒按照汽車GPS行駛時會發生什麼事。如果你錯過轉彎，系統會建議你迴轉並返回正軌；如果你忽略它的建議，系統則會提出一條可以抵達同一個目的地的新路線。

---

[61] Jim Collins and Jerry I. Porras, *Built to Last: Successful Habits of Visionary Companies*, third edition, Harper Business, 1994.

[62] See "Address to Joint Session of Congress May 25, 1961", jfklibrary.org, accessed 5 January 2022.

[63] Jan Trott, "Man walks on the moon: 21 July 1969", *Guardian*, 19 July 2019.

這反映了策略思考中願景規劃的能力。

從個人願景到共同願景

要創造共同願景，你應該先制定個人願景。你能夠想像帶領公司走向清晰且理想的未來狀態嗎？它除了是一個可以實現的目標之外，還必須與你的領導風格和公司情境一致。通常，與你信任的人一起測試你的個人願景是很有價值的。

這麼做可以幫助你將願景與核心目標連結起來。與僅僅以公司的核心價值為主相比，這能使願景更加以行動為導向，也更切實。這些核心價值，例如忠誠、承諾、尊嚴和正直，可以賦予你的願景意義和使命感，並有助於加深願景的影響力。

它也能讓你的願景建立在公認的激勵因子之上。根據已故心理學家大衛‧麥克利蘭的說法，人們受到成就需求（渴望競爭、表現更好或獲勝）、歸屬感（認同某個社會群體或成為團隊的一分子）和權力（追求權力或控制）所驅

動。[64] 願景能夠清楚表達策略將如何滿足上述的各種需求，從而更有效地激勵你的團隊。精心打造的願景能夠喚起的其他驅動因子請參考圖十四。

能夠打造令人信服之願景的激勵因子：
{
1. 感覺投入某事
2. 做出貢獻
3. 體現信任與尊嚴
4. 達到優異的結果
5. 成為團隊的一分子
6. 對前景有掌控感
}

圖十四：激勵因子

當你有了大致的想法後，就可以與眾多利害關係人討論，讓他們仔細檢視你的願景，從中尋找差距或缺陷，以測試與完善你的想法。隨著願景經過釐清、測試和完善，最終會發展為共同的成功目標。

在某些情況下，讓其他人（例如領導團隊或更廣泛的組織）一起創造共同願景會很有意義。正如嬌生公司前人才管理主管保羅·庫爾頓（Paul Culleton）所說：「創造一

---

64 David C. McClelland, *Human Motivation*, Cambridge University Press, 1988.

個簡單但吸引人的願景非常重要。如果你能將一個充滿遠見的行動與了解人們彼此相處的方式結合在一起……會是一個很好的起點。」

　　當這麼做有意義的時候你就該這麼做。但有時候這麼做是沒有意義的。具體而言，只有當你能夠制定出真正激勵組織的願景時，你才該這麼做。如果你的企業正在進行裁員，事情可能就不會這樣運作了。同樣需要考慮的是，人們參與創建願景的行動，會不會增加他們實現願景的認真程度。如果會的話，這樣的好處可能就會大過於你個人願景的潛在成本。

　　如果你決定走共同創造的路線，請小心不要讓宏偉願景中既有的大膽精神被稀釋，明確定義你的願景中不可協商的核心元素非常重要。但除了這些不可動搖的元素，你要靈活地吸收他人的想法，以便大家分享整件事的控制權。吉恩・伍茲就體現了這種共同創造的力量。他沒有採取由上而下的方法，而是從自下而上、密集的傾聽練習開始。伍茲解釋道：「我花了很多時間四處走動，詢問人們我們擅長什麼、我們的志向應該是什麼、我們遇到了什麼障礙。我還與主要的社區領袖討論他們對我們的優勢和機會有什麼看法。」

在伍茲進行這個流程時，幾個特定的主題開始浮出水面。其中一個是人們有多渴望將自己的角色與組織的廣泛目標連結起來。「我的夥伴希望讓人們保持健康，而不僅僅是在生病時治療他們。他們想要在人們最黑暗的時刻提供希望。他們希望成為國家的領導級企業，並促進康復。」

他綜合了各種回饋意見，忠實且有組織性地將它們傳達給主要利害關係人。於是他得到了一個新的使命宣言：為所有人改善健康、提升希望並促進康復。「為所有人」的部分是非常重要的一個元素，因為它確立了公司對有特權的患者（可以選擇醫療保健服務的患者）和社會最弱勢群體的承諾。

伍茲使用了類似的過程來創建 Atrium Health 的願景：成為護理界的首選和最佳選擇。「這引起了組織的共鳴，並成為了我們的戰鬥宣言，」伍茲說，「這個任務反映出我們的心意、願景、智慧與精神。這個願景暗示的是我們對成長與改變更有目標的前進。這定義了我們看待成功的標準。」

正如伍茲的經驗所展示的那樣，一個好的願景是清晰且具體的，會帶來意義和熱情，也會與確立方向的其他關鍵工具（例如使命宣言）有所連結。它生動地描繪出理想

的未來,與公司所描繪的使命、核心目標和策略一致。更重要的是,它能讓員工和更廣泛的組織的志向保持一致。

正如嬌生公司前人力資源副總裁布萊德・尼利(Brad Neilley)所說:「所謂的有遠見,就是了解你希望組織未來朝哪個方向走下去。這意味著你要向人們展現清晰的畫面,讓他們明白我們作為一個組織的發展方向。」

> 反思:想想你過去為創造共同願景所做的努力,哪些方法是有效的,哪些是無效的?

化繁為簡的重要性

為了激勵支持願景的團隊成員,你必須以直截了當且令人印象深刻的方式**化繁為簡**,向組織傳達未來的方向。[65] 讓人們認同你的願景有多重要似乎是不言而喻的,但光是了解還不夠,付諸實踐才是最重要的。許多領導者晉升到更高階的職位時都在為願景而苦苦掙扎。嬌生公司製藥公

---

[65] The term "powerful oversimplification", originally coined by Bruce Henderson, founder of the Boston Consulting Group (BCG), describes the matrixes and models the consulting firm created to help frame business problems for clients. See Lawrence Freedman, *Strategy: A History*, Oxford University Press, 2013.

司的前商務主管彼得‧塔特爾（Peter Tattle）指出：「領導整個公司可能是你第一次面對擁有如此廣泛觀點的挑戰。你的工作就是用簡單的語言、引人入勝的方式來描述它，並讓人們團結起來，支持你對未來的願景。」

創造故事和發展譬喻通常會對你的願景很有幫助。故事和譬喻可以有效地傳達即將到來的威脅和機會，還有你用來管理它們的策略。正如心理學家霍華德‧加德納在《不一樣的領導力》中所說：「領導者主要是透過他們所講述的故事來達到他們的目的……除了傳達故事之外，領導者還會身體力行這些故事……並透過他們自己的生活來傳達這些故事。」[66] 比方說視力保健業者的願景聲明：人生遠見。它使人聯想起視力在人生中會如何發展和變化，並有助於將組織與患者的體驗更緊密地連結起來。

說故事是領導者帶來影響和激勵的重要方式。故事有助於創造一種連結感，並以數據無法做到的方式建立熟悉感和信任感。故事也會深深地印在我們的腦海裡。與從事實和數字中收集的資訊相比，我們可以更準確地回憶故事中的訊息，記憶的時間也更長久。正如《故事證據》和

---

66 Howard E. Gardner, *Leading Minds: An Anatomy of Leadership*, Basic Books, 1995.

《故事智慧》的作者坎德・哈文指出的：「每次溝通的目標都是影響目標受眾（改變他們當前的態度、信仰、知識和行為）。光靠資訊很少能做到這一點。研究證實，精心設計的故事是最有效的影響力工具。」[67]

最好的故事可以提煉出核心教訓（犯過的錯誤會成為良好的敘事素材）並為你想要鼓勵的行為提供模板。願景的故事也應該與公司的古老神話產生共鳴，借鑑過去的最佳元素，並將它們與組織可能成為的模樣結合。這個過程不僅有利於傳達願景，也有助於制定策略和確定業務整體方向的其他基本要素。

領導者可以運用五個經典的故事原型來傳達重要的見解。這些原型分別是**愛**（描述公司愛上自己的產品或服務，並渴望分享這份熱情）、**救贖**（講述公司陷入困境並尋求復甦）、**白手起家**（描述公司現在默默無聞，但正在努力克服逆境）、**異國他鄉的陌生人**（可能是想推出新產品或服務）和**極為稀有的事物**（追求充滿野心的目標，以實現更深層的目的）。[68]

---

67 Kendall Haven, *Story Smart: Using the Science of Story to Persuade, Influence, Inspire, and Teach*, Libraries Unlimited, 2014.
68 This comes from a presentation on "Positive Intelligence" by Bill Carmody.

以 CHS 的願景「為所有人改善健康、提升希望並促進康復」的例子來說，在這個前提下，公司就是照著愛的故事的原型，追求為客戶提供最高水準的服務。透過強調這一點，組織可以運用以受眾為中心進行演說的力量。

根據社會心理學研究的結果，重複講述也可以促進有說服力的溝通，這些研究表明，重複接觸刺激會增強對刺激的正面感受。這被稱為**曝光效應**。[69] 研究還顯示，它可以幫助你以不同的方式表達你的願景，例如透過演講、信件或影片，使訊息更深入人心。根據教育家戴爾的學習金字塔模型，我們往往只會記得所讀內容的 10％，所聽到內容的 20％，以及所看到內容的 30％。我們同時聽到和看到的內容（例如透過影片）的知識保留率會上升到 50％；我們所說和寫下的內容（例如參與討論和做筆記）的知識保留率會上升到 70％；而我們在嘗試模擬的過程中所說和所做的事情，則會讓知識保留率上升到 90％。[70] 正如保羅・庫爾頓進一步指出的：「你必須更常用影像、想法、引人注目

---

[69] Paul Hekkert, Clementine Thurgood and T.W. Allan Whitfield, "The mere exposure effect for consumer products as a consequence of existing familiarity and controlled exposure", *Acta Psychologica*, Volume 144, Issue 2, October 2013.

[70] Edgar Dale, *Audio-Visual Methods in Teaching*, third edition, Holt, Rinehart & Winston, 1969.

的圖片去打造願景。」

另一個重要元素，是願景的描述性詞彙，這是一種敘述，會以生動的方式展現核心價值。描述性詞彙不只是為了表明願望或目標，還有助於在聽到或看到它們的人腦海中形成一幅畫面。速食集團麥當勞的願景就用了好幾個描述性詞彙：「我們策略的基礎是專注經營一流的餐廳，賦予我們的員工權力，並更快、更創新、更有效率地為我們的客戶和員工解決問題。」[71]

在表明願景的描述性詞彙時，請記得這個敘述會如何被組織起來（結構和資訊流），又會帶給人們什麼感受（要求的行為和必需滿足的需求）。從許多公司平淡無奇的願景來看，領導者往往很難給出足夠詳細的描述性詞彙。強大的願景應該在人們的腦海中形成一個扣人心弦的影像。

當然，領導者無法直接與公司中的每個人溝通。這代表他們必須學會從遠處說服他人。招募那些相信自己正在做的事的人，他們就可以培養出認同感和熱情。

為此，領導者需要透過公司發出正確的訊號，並親自實踐他們要求他人創造的改變。這不僅是塑造行為榜樣，

---

71 See "McDonald's Mission and Vision Statement Analysis", mission-statement.com/mcdonalds

還意味著你要做出符合願景的日常決策。這其中很大一部分，是要在這個想法背後投入足夠的資源，不只是在資本投資的方面，也要分配合適的人員來實現你的願景，並設定可衡量的目標來評估進展。

此外，書面策略、薪酬計畫、衡量系統和年度預算也是影響行為的強大槓桿。透過這些工具，我們能夠設定期望、定義獎勵並「推動」人們朝著正確的方向發展。這些工具的成功來自權威、忠誠度以及對獎勵和進步的期望。當一間公司需要提升績效或重塑文化來實現它的願景時，這些工具就會特別有用。

然而，領導者同樣必須定義一個有吸引力的未來狀態，才能「拉動」員工，讓他們願意為改變而努力。這種情況只有在員工相信新的營運方法能夠更滿足他們的需求時才會發生，例如承諾降低挫折感、減少能源浪費或提高晉升的可能性。「拉」的方法有不同的形式。在最基本的層面上，這需要具有積極傾聽能力並提供個人回饋，來強化人與人之間的關係。在團隊層面，這代表要先定義個人願景，並使它成為共同願景，才能激勵關鍵的族群。

推和拉的方法是互補的。只單獨使用其中一種方法，並不足以改變根深蒂固的習慣或工作方式，最終也無法帶

來變革。[72] 然而，大多數領導者只擅長其中一種。為了提升這兩方面的能力，你需要努力了解員工的偏好，並找到發展技能的方法。你也必須與能夠補足你溝通能力的人合作。

讓更廣泛的組織參與你的計畫很重要，否則你可能會引來無端的猜測。公司內的小道消息會填補資訊空白，這可能會導致流言蜚語，並扭曲你想傳達的訊息。領導者必須在敘事脫離他們的掌控前控制住整個對話。最簡單的方式就是透過建立內部通訊或在企業雜誌上撰寫專欄，藉此傳達願景。有些領導者會使用願景板來直觀地表達他們的目標。願景板通常是海報大小，上面包含了想要完成的任務圖像和文字。

新上任的執行長經常會發表演說，盡早表明他們的願景。2019年，艾莉森・羅斯在上任國民西敏集團執行長的第一天，就分享了她對銀行的未來願景，並闡明了同事們可以期待什麼。這包括保持好奇心以及投資新技能與能力，以便在銀行建立起持續學習的文化。[73] 科技可以使企業

---

72 George L. Roth and Anthony J. DiBella, "Balancing Push and Pull Change", *Systemic Change Management*, Palgrave Macmillan, 2015.

73 See Alison Rose, "CEO Alison Rose Day 1 speech", NatWest Group, 1 November 2019, www.rbs.com/rbs/news/2019/12/ceo-alison-rose-day-1-speech.html.

故事更加身臨其境、更具吸引力。英傑華集團的執行長亞曼達‧勃朗會定期發布季度業績影片，簡述並強化她對公司的野心，例如改進交付的成果、對高績效的承諾和堅定不移的財務紀律。勃朗在 2020 年表示：「我們會贏。」[74] 最後一點，受到敬重、被視為值得信賴、被認為擁有正確判斷力的領導者，往往更能影響人們。[75]

願景規劃的限制與克服的方式

請避免提出被主要利害關係人視為畫大餅或不切實際的願景。曾經勢力龐大的加拿大航空及航太公司龐巴迪的失勢就是一個警訊。龐巴迪在 1930 年代起家時，是一家雪地摩托車製造公司。[76] 然而，1990 年代，這間公司設定了一個願景，希望成為大型的飛機製造公司，並試著收購波音公司的德哈維蘭部門以及後來的里爾噴射機公司，想藉此進行擴張。2005 年，龐巴迪的執行長洛朗‧博東在 C

---

74 See Amanda Blanc, "Amanda Blanc: 2020 was truly Aviva at our best", www.youtube.com/watch?v=bz4rljrJf0o, 21 Dec 2020.
75 Garth S. Jowett and Victoria J. O'Donnell, *Propaganda and Persuasion*, SAGE Publications, third edition, 1992.
76 See bombardier.com/en/who-we-are/our-history.

系列客機專案下了很大的賭注,想要用它來推動公司的發展。博東的願景是將龐巴迪打造成全球頂級飛機製造商。但是在這個過程中,公司承擔了大量債務,這個項目也遭受嚴重的成本超支和耽誤。[77]

他們所製造的噴射機到 2016 年 7 月才開始實際投入使用,比預期晚了十八個月。不過,博東對競爭反應的低估才是壓垮他的最後一根稻草。C 系列的設計目的,是與空中巴士 A320 的改良型產品競爭,而空中巴士決定降低價格好迎合新飛機的需求。[78] 最後,C 系列的銷售量不佳、出現無法維持生產的損失,最終不得不讓空中巴士收購他們的專案。[79]2017 年,龐巴迪被迫以象徵性的一美元,將 C 系列的控制權出售給空中巴士;他們將飛機重新命名為 A220。[80] 到 2020 年時,龐巴迪時任執行長亞蘭・貝勒馬爾被迫下台。

---

77 Chris Loh and Luke Bodell, "The Rise and Fall of Bombardier Aerospace", *Simple Flying*, 12 June 2020.
78 See "From War to Partner: Airbus and the CSeries", *Leeham News and Analysis*, 18 October 2017.
79 Frédéric Tomesco, "What went wrong at Bombardier? Everything", *Montreal Gazette*, 8 February 2020.
80 Peggy Hollinger, "Airbus vows to make Bombardier aircraft a success", *Financial Times*, 8 June 2018.

這其中的教訓是：領導者絕對不能過度追求無法實現的願景。能夠以大膽的自信表達出令人信服的願景是可取的，但最初看似有遠見的東西可能會變得太過浮誇。

> 反思：你有沒有見過領導者建立不切實際或浮誇的願景？如果有，結果是什麼？

該如何訓練願景規劃能力？

透過有意識地觀察、富有想像力的視覺化和陳述，你可以變得更善於描繪願景。有一種技術可以培養願景規劃的能力，那就是**「建築師的練習」**。每次進入一間新房子或新辦公室時，請花幾分鐘思考，你要如何改變這個空間，使它成為更有吸引力的住處或工作場所。在你這麼做時，請寫下你的觀察結果和見解，以作為反思的基礎。持續做筆記能夠幫助你記錄下見解，還可以激發你對其他概念的想法。

另一個有用的方式，則是組織一個「願景研討會」，你和你的團隊可以在公司外碰面，共同展望企業的未來。在這類的研討會中，你的小組可以使用模式辨認（請參閱

第一章）來預測公司未來將面臨的競爭、監管和財務狀況。然後，也許透過第二章和第三章中所探討的系統分析和情境規劃，你就可以探索組織要如何建構和解決第四章中所談到的最重要的問題。最後，你可以與團隊合作，定義你們希望實現的、志向遠大的、可達成的最終狀態。

你可以將參與者分成小組來討論，讓每個人都描述在他們腦海中出現的場景。每個團隊成員都要整理好這些畫面，並將它們呈現給整個研討會的參與者。這個過程可以幫助領導者釐清思路，並理解高階團隊可能接受哪種程度的改變。

這可以幫助領導者塑造出共同的未來願景，同時更容易掌控實現願景的過程。不過，只有高階領導層參與的願景研討會可能無法吸引到下屬。盡早讓其他人參與研討會，可以幫助你在組織內建立起承諾，儘管有些領導者可能不希望在願景完全形成之前和大家分享。

總結

願景規劃是為未來創造令人信服的畫面，並利用這個願景來引導和激勵他人實現它的過程。它是對組織未來的

發展前景做出吸引人的描繪，為組織及其中的成員提供方向感和目的感。你需要透過化繁為簡和說故事的方式來發展和傳達充滿領導力的願景，以確保組織的策略、政策和行動與它一致。

下一章，我們要深入探討策略思考的最後一項修練：**政治敏銳度**。

願景規劃檢查表

1. 為你的組織制定共同願景對你來說有多重要？
2. 你應該使用「往前看再向後推裡」的方法，或是「盤點後想像可能性」的方法，還是同時使用這兩種方法來描繪願景？
3. 你可以如何增強願景規劃能力（例如透過定期進行「建築師的練習」）？
4. 你可以如何提升溝通能力，讓自己更簡潔有力？

> **更多學習資源**
>
> - 《基業長青》(*Built to Last: Successful Habits of Visionary Companies*)，詹姆‧柯林斯（Jim Collins）傑瑞‧薄樂斯（Jerry I. Porras）
> - 《先問，為什麼？》(*Start with Why: How Great Leaders Inspire Everyone to Take Action*)，賽門‧西奈克（Simon Sinek）以及他的 TED 演講《偉大的領導者如何鼓勵人們行動》(*How Great Leaders Inspire Action*)

第六章

政治敏銳度

政治敏銳度是指你駕馭和影響組織政治結構的能力。它包括理解潛在的權力動態、不同利害關係人的動機與利益，以及各種行動方針的潛在影響。政治敏銳度是企業領導者策略思考的基本要素，因為它能使領導者有效地掌握和管理政治環境，以實現目標和使命。這是知識、技能和態度的結合，需要深入了解你的組織、你的資源與文化，以及公司的政治結構。

隨著階層的提升，政治結構會變得越來越複雜。部分原因是因為高層人士都十分聰明而且充滿野心。他們有自己的目標，無論是在商務上，還是想要得到認可或晉升。使高層更加政治化的另一個原因，是因為在這個階層上要解決的問題和要做的決策變得更加模糊。在這裡，很少有所謂的「正確」答案，因此對於最佳的前進方向會產生激烈的爭論。野心勃勃的人和模糊的問題結合在一起，意味著政治會成為企業最高層成果的主要驅動力。為了發展和實現你的目標，你必須有策略地思考，在組織內建立並維繫聯盟。

此外，你也需要積極主動地塑造組織運作的外部政治環境。這意味著建立和管理與客戶、供應商以及價值鏈中其他關鍵參與者（例如合資企業和聯盟夥伴）的重要關

係。這也代表你要與會影響制定「遊戲規則」的強大機構，包括各級政府、非政府組織、媒體和投資者攜手合作。

在追求影響遊戲規則時，你可以想像自己是**企業外交官**。[81] 國際外交官要透過培養關係、建立聯盟和談判協議，來保護和促進本國的利益。身為企業外交官，你必須學會做同樣的事來保護和促進企業的利益。

想要變得更有政治頭腦，就必須培養診斷政治系統和制定策略的能力，以在內部和外部推進你的策略目標。想做到這一點，首先取決於你願不願意擁抱政治並理解它的基本邏輯。以這一點為基礎，你必須學會評估情勢，並利用你的洞察力制定能夠影響人們的策略。這些策略包括透過「公平流程的力量」讓人們接受你的想法（在第四章中討論過），以及意識到能夠「拉動」人們前進、令人信服的願景多麼具有影響力（在第五章中探討過）。

---

81 See Michael D. Watkins, "Government Games", *MIT Sloan Management Review*, Winter 2003 and Michael D. Watkins, "Winning the Influence Game: Corporate Diplomacy and Business Strategy", *Harvard Business Review*, 2003.

理解並擁抱政治

若要了解不擁抱政治或誤解其基本邏輯的危險，請考慮以下某個實際情況濃縮過後的範例。艾琳娜‧諾瓦克（化名）在范豪恩食品公司上任不過四個月後，就對公司總部的官僚政治深感沮喪。諾瓦克是一位成功的業務和行銷專業人士，她在國際食品公司范豪恩的管理職位中步步晉升，成為這間公司在波蘭地區的總經理。她是一位幹勁十足、注重成果的高階主管，為她所在的領域帶來了快速的發展。

根據這項成功，諾瓦克受命扭轉公司在巴爾幹半島陷入的困境。她在這個複雜的跨國環境中茁壯成長。兩年半後，巴爾幹半島業務得以保持兩位數的業績成長。因此，范豪恩的高階管理層發現了諾瓦克的潛力，並決定她需要更多區域性的管理經驗，以後才能擔任更高階的職位。因此，他們任命她為范豪恩在歐洲、中東和非洲（EMEA）地區的行銷副總裁。在這個新職位上，她要負責監督這個地區的行銷策略、品牌推廣和新產品研發。

范豪恩擁有矩陣型的結構。諾瓦克直接隸屬於位於芝加哥的美國總部中，負責企業行銷的資深副總裁瑪喬莉‧

亞倫。她也和她的前老闆，即負責 EMEA 業務的國際副總裁霍拉德‧艾森伯格保持著虛線匯報的關係，因為所有國家的總經理都隸屬於他。

諾瓦克滿懷熱情地開始了她的新角色，與 EMEA 地區的總經理們以及她的前老闆進行一對一的談話。根據這些討論和她自己在這個領域中的經驗，諾瓦克得出結論，這個地區最緊迫的問題，是找到更好的方法處理集中或分散產品開發的立場之間緊張的關係。更具體地說，公司應該對整個地區的產品配方和包裝標準化有多少要求，又應該為當地的口味差異提供多少靈活性？

諾瓦克整理了一份報告，概述了她的初步評估結果和改進建議。她的建議包括在某些領域加強集中化的管理（例如有關整體品牌形象和定位的決策），同時賦予區域總經理在其他領域更大的靈活性（例如進行有限的配方調整）。然後，她安排了一場與亞倫和艾森伯格的線上會議，他們聚精會神地聆聽，似乎看到了策略的優勢。他們指示她去諮詢受此次組織變革影響最大的利害關係人，即范豪恩在美國地區的產品研發和行銷主管，以及 EMEA 地區的總經理們。

按照亞倫的指示，她與公司產品研發資深副總裁大

衛・華勒斯、他的員工以及范豪恩的企業行銷團隊成員開了線上會議。隨後，她飛往芝加哥，向產品研發和行銷團隊的三十幾人進行了介紹。他們提出了許多建議，但幾乎所有建議都會導致決策更加集中。

諾瓦克在會議期間透過觀察肢體語言和大家給出的評論清楚地意識到，公司產品研發和行銷團隊之間的關係相當緊張。「我走進了一個政治地雷區。」她想。會議結束後，她對擔任區域策略職務的前輩產生了更多的同理心，因為她在擔任區域總經理期間經常與對方產生衝突。

她與EMEA總經理們（她的老同事）的對話也進展得不太順利。他們很樂意接受諾瓦克提高靈活性的想法，但當她提到要對他們的自治權進行額外的限制時，反對意見就變得更強烈了。一位受人敬重的總經理羅夫・艾克利德表示，在她所提議的領域中得到更多靈活性，並不能彌補他們必須要放棄的東西。由於區域總經理對他們負責的地區有損益責任，而且在分配當地資源時也擁有很大的自主權，諾瓦克知道她不能強迫他們接受這些改變。她不知道自己有沒有足夠的耐心和技巧，來應對她身為新區域管理層需要面對的政治問題。

諾瓦克的經驗是一個典型的例子，說明當領導者到達

某個位階之後,就不能再依靠職位權威來完成工作了。為了取得成功,她需要轉向政治性的思考和方法,並透過影響力(而不是權威)來領導。這麼做的基礎是接受從政治角度思考組織的需要。有些領導者很難做到這一點。如果你不喜歡政治,那你必須克服它。如果這樣做會有幫助的話,請將你正在做的事情當作是在建立聯盟,好實現重要的理想。

從政治性的角度看待你的公司代表什麼?首先是將你的公司(及其外部環境)看成一群強大的參與者,只是各自在追求自己的目標:他們試著同時實現組織和個人的目標。如第二章所討論的,企業其實就是一個個系統,擁有許多足以影響必須完成之工作的結構和流程。但是,如上文所述,野心勃勃的人和模稜兩可的問題相結合之後,代表高層(和外部)的重要決策,往往是得到由關鍵決策者組成的**獲勝聯盟**支持才能做出,或是因為被反對者組成的**阻礙聯盟**給擋下而無法去做。[82]

為了實現你的目標,你需要確定潛在的獲勝聯盟,

---

[82] David A. Lax and James K. Sebenius coined these terms. See "Thinking Coalitionally: Party Arithmetic, Process Opportunism, and Strategic Sequencing", in H. Peyton Young (ed.), *Negotiation Analysis*, University of Michigan Press, 1991.

也就是集體有能力支持你目標的人們，並思考如何建立起這些聯盟。諾瓦克需要公司內部的亞倫和華勒斯，以及 EMEA 地區的艾森伯格批准。他們共同構成了她需要建立的獲勝聯盟。

同時，也要考慮潛在的阻礙聯盟，也就是那些集體有能力拒絕你的人們，以及如何避免反對派聯合起來。誰有可能會聯合起來試圖阻止你的目標，又是為什麼？他們會如何阻止你？如果你深入了解反對的意見可能是來自何處，就可以努力去消除它。對諾瓦克來說，公司組織和區域總經理之間存在著潛在的阻礙聯盟。

此外，請記住關係和同盟**不是**同一回事。這並不是說關係沒有價值，而是說關係並非建立起聯盟的唯一基礎。了解人們的目標以及你與他們的共通點（或缺乏共通點）也很重要。你可以與某人建立起牢固的關係，卻仍保有競爭的動機。你也可以與某人保持中立甚至消極的關係，但是成為盟友，因為你們的目標一致或可以互相支持以實現互補的目標。

定義你的影響力目標

發展影響力的第一步,是弄清楚為什麼你需要他人的支持。諾瓦克的目標是在她的新老闆與舊老闆之間,就EMEA地區的行銷決策方式進行協商。現狀反映出雙方長期妥協的關係,從這一點來看,任何變化對雙方來說都是雙輸的結果。這意味著,如果有可能達成協議,這個協議得是雙方都可以支持的一系列交換條件。

> 反思:你現在正面臨重大的影響力挑戰嗎?系統性地思考這件事對你有幫助嗎?如果有,請花幾分鐘的時間寫一份摘要。

了解關鍵決策者

在清楚了解你要實現什麼目標後,你現在可以開始研究,誰的支持是最重要的,以及該如何獲得他們的支持。首先,確定你需要建立哪些聯盟來實現你的目標。你有多需要獲得那些不在你管轄範圍內的人的支持?

你可能需要思考一下,有沒有哪些交流或「交易」能

讓你更有機會贏得人們的支持。圖十五總結了組織中常見的交流「貨幣」，包括提供資源或激勵、給予更高地位、提供個人支持，甚至只是表達謝意。想做到這一點，你需要釐清自己的需求以及其他人認為有價值的東西。

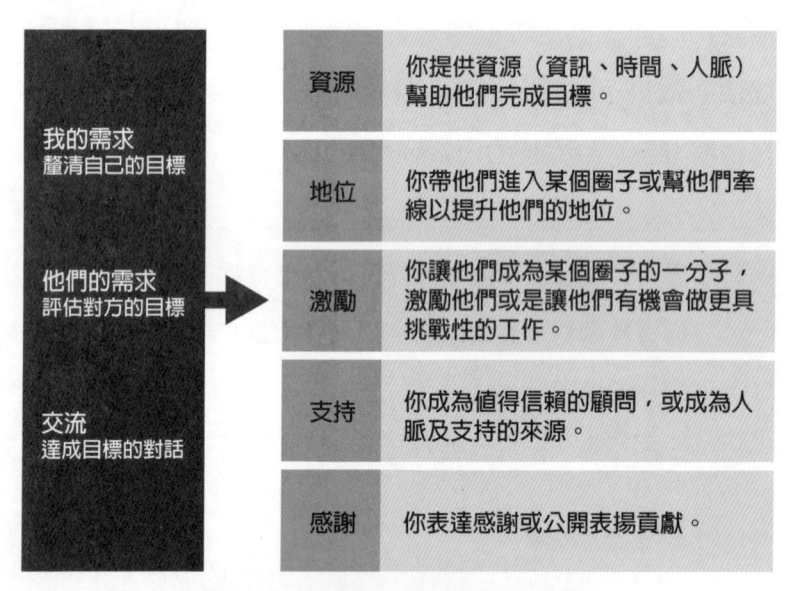

我的需求 釐清自己的目標	資源	你提供資源（資訊、時間、人脈）幫助他們完成目標。
他們的需求 評估對方的目標	地位	你帶他們進入某個圈子或幫他們牽線以提升他們的地位。
	激勵	你讓他們成為某個圈子的一分子，激勵他們或是讓他們有機會做更具挑戰性的工作。
交流 達成目標的對話	支持	你成為值得信賴的顧問，或成為人脈及支持的來源。
	感謝	你表達感謝或公開表揚貢獻。

圖十五：組織中常見的交流「貨幣」

除了確定**潛在的交流**之外，你還需要評估**情境壓力**，這代表你要了解關鍵決策者所處的運作環境，以及領導他們的力量有哪些。請從驅動力和約束力的角度去思考。驅動力會將人們推向你希望他們走的方向，約束力則是他們

會拒絕你的情境原因。[83] 社會心理學研究顯示，在推斷人們為什麼做出某些事的結論時，人們都高估了人格的影響，並低估了情境壓力的影響。[84] 羅夫反對諾瓦克的提議，可能是源於他的頑固，或是為了維護自己的權力和地位，或者他可能是為了應對環境壓力，例如需要實現自己的商業目標。因此，請花一點時間思考，你想要影響的人受到哪些力量驅使。然後想辦法增加動力並消除某些限制。

你還需要注意，你想要影響的人如何看待他們的替代方案或選擇。他們認為自己可以做的選擇有哪些？對於你理解替代方案的看法最重要的是，你必須弄清楚反對者是不是認為公開或祕密抵抗能夠成功地維持現狀。如果是這樣，你就必須讓他們相信維持現狀不再是可行的選項了。一旦人們相信無論他們做什麼都會產生改變，情況通常會從反對改變轉為競爭，好決定改變的方向。諾瓦克能不能讓關鍵決策者相信，眼前的情況是不可接受的，而他們必

---

83 群體動力學領域的先驅庫爾特·勒溫提出了基於驅動力和約束力思想的社會變革模型。勒溫的基本見解是，人類集體，包括群體、組織和國家，是存在於推動變革和抵制變革的緊張狀態中的社會系統：「社會系統的行為是（……）多種力量共同作用的結果。有些勢力互相支持，有些勢力互相反對。有些是驅動力，有些是抑制力。就像河流的流速一樣，一個群體的實際行為取決於（……）這些相互衝突的力量達到平衡時的水位。See Kurt Lewin, *Field Theory of Social Science: Selected Theoretical Papers*, Harper & Brothers, 1951.
84 See Leo Ross and Richard E. Nisbett, *The Person and the Situation: Perspectives of Social Psychology*, second edition, Pinter & Martin Ltd., 2011.

須做出改變？

對協議執行情況的擔憂也屬於這一類。人們可能認為讓步不會受到尊重，所以最好為現狀奮鬥，而不是冒險做出其他選擇。如果人們對不信任合約的擔憂阻礙了進展，你就要看看能不能提高信心等級。例如，你可以建議分階段進行改變，而每一步都要奠基在前一步的成功之上。

> 反思：使用下方表格來評估潛在的交流，好贏得關鍵決策者的支持。此外，你也要評估驅動他們的情境壓力，以及他們對自己心中的替代方案有什麼看法。

關鍵決策者	潛在的交流	情境壓力	替代方案

畫出影響力網路

決策者通常會受到他們仰賴的對象所提出的意見影響。所以，請花一點時間畫出**影響力網路**。問問自己：眼前的問題，誰會受到誰的影響？你的目標能不能順利達成，影響力網路會發揮至關重要的作用。決策者們在面對重要問題和決定時，通常會順從那些他們信任的人。

影響力網路是一種與正式架構並行運作的溝通和說服管道，有點像是一種影子組織。[85] 那麼，要如何畫出影響力網路？一種簡單的方法是使用圖十六的「靶心」圖，我會使用諾瓦克的範例來說明它的運作方式。首先，請找出關鍵決策者並把他們放在中央。再來，請找出影響決策者的其他人或團體，並將他們置於更遠的圈子裡。離中心越遠，這些人或團體的影響力就越小。使用箭頭表示影響的方向和強度，箭頭越粗表示影響越大。接下來，請評估誰可能是支持者、中立者或反對者。最後，請找出潛在的獲勝和阻礙聯盟。

---

85 See David Krackhardt and Jeffrey R. Hanson, "Informal Networks: The Company Behind the Chart", *Harvard Business Review*, July–August 1993.

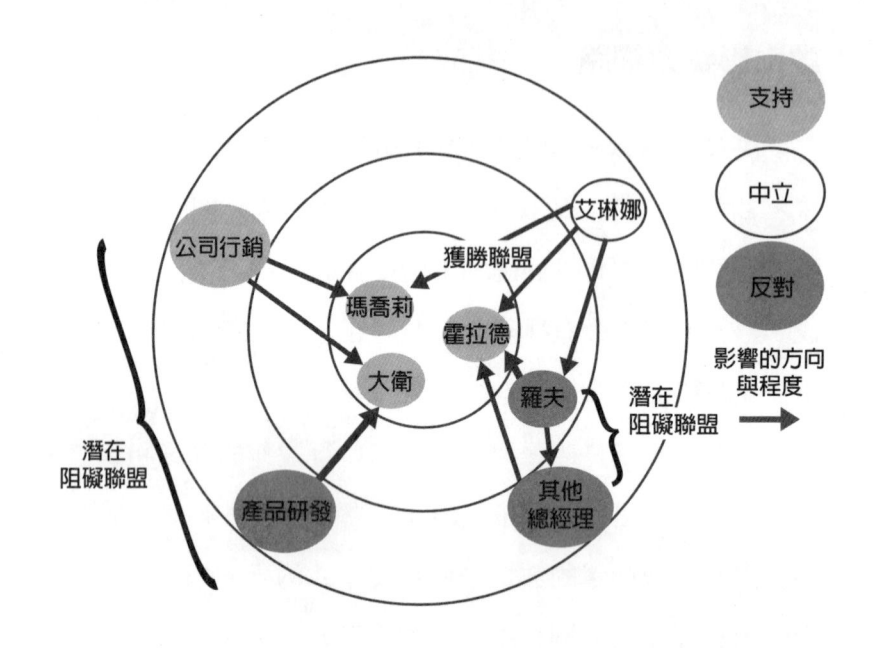

圖十六：畫出影響力網路

> 反思：對於你所面臨的影響力挑戰，確定關鍵決策者和畫出影響力網路有沒有價值？

構思你的影響力策略

對你要影響的人有更深入的了解之後，就可以開始發展你的影響力策略，你可以利用以下這七種「工具」：

- 諮詢
- 框架化
- 社會壓力
- 塑造選擇
- 纏繞
- 排序
- 強制行動事件

諮詢是一種影響力技巧,可以促進人們的認同感,因為人們會覺得自己對結果投入了一份心力。有效的諮詢代表你必須積極地傾聽。奇異公司前執行長傑夫・伊梅特將傾聽稱為「最被低估和最不發達的商業技能,尤其是在不確定性變得越來越強和變化速度越來越快的時代。」[86] 但是領導者的階層越高,通常就越不擅長傾聽。下屬可能會不願意說出你不想聽的話。你可以透過尋求意見並將回饋納入你的策略中來克服這個問題。良好的諮詢首先應該提出有針對性且真誠的問題,並鼓勵人們表達他們真正的擔憂。然後你要做出總結,並回饋你所聽到的內容。

---

86 See Virgil Scudder, Ken Scudder and Irene B. Rosenfeld, *World Class Communication: How Great CEOs Win with the Public, Shareholders, Employees, and the Media*, first edition, Wiley, 2012.

這種方法會展示你正集中注意力並認真對待你和人們的談話。在影響力策略中，積極傾聽的力量實在太被低估了。它可以促進人們接受困難的決定、引導人們的思考，並幫助你以富有建設性的方式制定選擇。由於領導者提出的問題以及他們總結回答的方式，會對人們的看法產生強烈的影響，因此積極傾聽和定義問題是具有影響力的說服技巧。有關積極傾聽的其他建議，請參閱下面的表格。

專注當下
全神貫注地看著這個人。 ・放下你的電腦和手機，將全部注意力集中在對方身上。 ・進行直接的眼神接觸。 ・避免環顧四周的其他人或事物。 ・用自己的話解釋你聽到的內容，例如「我聽到你說……」。 ・如果有需要，請釐清你的理解，例如「如果我理解正確的話，你的意思是……」
鼓勵
鼓勵對方告訴你他的想法。 ・盡量少打斷對方並給予口頭確認：「嗯嗯」、「嗯」、「是」。 ・點頭表示你正在聽。 ・身體向對方傾斜。 ・傾聽且不要打斷，暫停你的判斷，也不要強加你的解決方案在對方身上。 ・正面確認並同理對方的感受，例如「你似乎有這樣的感覺……」

提問
從談話中學習，而不是確認你現有的信念。 ・提出需要思考再回答的問題，避免需要回答是非題的情況。 ・用「跟我多說一點吧」來引導出更多細節。 ・用「你覺得為什麼會發生這種情況？」來探究對因果關係的理解。 ・用「如果……會發生什麼事？」和「那你覺得接下來會怎麼樣？」來擴大對結果的思考。
總結
總結你聽到的內容以及達成的協議。 ・以結論的陳述開始：「所以，我們的討論，結論是……」 ・將談話期間最重要的事實、資訊和協議納入考慮。 ・檢視對方的理解是否與你相同。「那麼，你覺得這樣好嗎？」 ・感謝對方的談話。

框架化代表使用論證和類比來闡明你對眼前問題的定義以及可接受的解決方案。這代表你要針對每個人仔細地打造具有說服力的論點。傳達訊息時，你該採用適當的語氣，深入了解你想要影響的人有哪些動機和目標，並以批判性的方式將關鍵人物如何看待他們的選擇具體化。

例如，諾瓦克應該思考的是，如何才能使羅夫從反對轉為至少保持中立，或是最理想的情況，變成支持。他是否有些具體的擔憂是她可以解決的？如果有辦法實行的話，有沒有哪組交易會吸引羅夫？有沒有辦法幫助他推進

他關心的其他目標,以換取他的支持?

當你建構你的論點時,請記住亞里斯多德的**邏輯**(logos)、**人格**(ethos)、**情感**(pathos)辯論分類。[87] **邏輯**是提出邏輯論證,也就是使用數據、事實和合理的理由來建構你改革的理由。**人格**是提升決策時應該應用的原則(例如公平)和必須堅持的價值(例如團隊合作文化)。**情感**則是與你想要影響的人建立連結,例如傳達可以實現的目標與鼓舞人心的願景。

框架化通常代表你要傳達並重複某些關鍵論點,直到大家都理解為止。這在精神上類似於第五章中所討論的「化繁為簡」。重複是很有效的,因為透過重複強化,人們會學得最好。當我們第三次或第四次聽到一首歌時,我們就無法將它從腦海中抹去了。但是,如果一首歌聽太多次,我們也可能會感到厭倦。同樣地,反覆使用相同的字眼,會讓人明顯看出你是在試圖說服他們,這樣反而可能引起強烈的反彈。有效溝通的藝術,是重複敘述核心主題,而不是聽起來像鸚鵡一樣。

當你敘述自己的論點時,請考慮如何讓人們「預防」

---

[87] Aristotle, *The Art of Rhetoric*, trans. Hugh Lawson-Tancred, Penguin Classics, 1991.

你預期對手會提出的反駁論點。提出並果斷地反駁對方無力的立場，可以讓觀眾即使在更強力的立場下免受對方論點影響。下表提供了一個簡單的清單，可以用來建立你需要提出的論點。使用下面的分類和問題來決定怎樣說服人們吧。

邏輯：數據與合理的論述
・有哪些數據或分析能說服他們？ ・有哪些邏輯可能會吸引他們？
人格：原則、政策與其他「規則」
・有沒有可行的原則或規則可以說服他們？ ・如果你要求他們反對某個原則或立場，你有辦法幫助他們為例外找到合理的理由嗎？
情感：情緒與意義
・有沒有你可以訴諸的情感「觸發因素」，例如忠誠或對共同利益的貢獻？ ・你能透過支持或反對某項主義，來幫助他們創造意義感嗎？ ・如果他們的情緒反應過度，你能幫助他們退後一步、換個角度看待問題嗎？

社會壓力是人們所屬的社會和身分群體中的規範以及他人的意見所產生的說服力影響。知道一個備受敬重的人支持某個決定，會改變其他人對這個決定的看法。因此，

說服意見領袖做出支持的承諾，並動員他們的人脈，可以為你帶來強大的槓桿效應。

社會心理學家及《影響力》的作者羅伯特・席爾迪尼的研究顯示，人們更喜歡以下列方式行事[88]：

- **與堅定的價值觀和信仰保持一致**：人們傾向與自己所在的群體共享某個價值觀。如果你要求他們做出與這些價值觀不符的行為，他們幾乎是一定會抗拒的。正如〈為什麼事實不會改變我們的想法〉一文的作者詹姆斯・克利爾指出的，試圖讓人們改變與他們的身分感密切相關的事情，不太可能會有好的效果。[89]
- **與先前的承諾和決策保持一致**：不履行承諾往往會招致社會制裁，沒有達到共識則代表著某人不可靠，而且有損聲譽。人們不會願意做出需要他們推翻先前的承諾或開創不良先例的選擇。
- **償還義務**：互惠是一種強大的社會規範，人們很容

---

88 Robert B. Cialdini, *Influence: The Psychology of Persuasion*, William Morrow, 1984.
89 James Clear, "Why Facts Don't Change Our Minds", https://jamesclear.com/why-facts-dont-change-minds, accessed 18 May 2023.

易因為過去從你和其他人那裡得到的恩惠，而更願意支持你。
- **維護聲譽**：維護或提高個人聲譽的選擇會得到正面的評價，而那些可能損害個人名譽的選擇則會得到負面評價。

這其中的意義是，你需要盡量避免要求他人做出與他們的身分或先前承諾不符、有損地位、威脅聲譽，或者冒著遭受德高望重者反對之風險的事情。請記住，如果你需要影響的人先前就做過和你的立場對立的承諾，你就該找個方法幫助他們優雅地擺脫它。

塑造選擇是指影響人們看待選擇的方式。你要如何才能讓他們難以拒絕，或者，正如《一開口，任何人都說好》的共同作者羅傑·費雪所說的，不斷嘗試提供「可以說好」的選項呢？[90] 有時你最好將選擇範圍擴大，有時則最好是縮小範圍。如果你要求某個人支持可能像是開創不良先例的事，你最好把它說成一種獨立的情況，與其他選擇

---

90 Roger Fisher and William Ury with Bruce Patton, *Getting to Yes: Negotiating an Agreement Without Giving In*, Houghton Mifflin, 1991.

無關。在某些情況下，你最好把你的選項奠基在與更重要的問題的連結上。

向人們推銷他們認為是雙輸的選擇會很困難。擴大問題或選擇的範圍，可以促進互惠互利的交易，從而擴大每個人的好處。同樣地，如果有有害的、無法協調的問題存在，也可能會阻礙進展。有時，你可以先把這些問題擱著，以後再來考慮，或者可以做出減輕焦慮的預先承諾，盡量消除它們。

纏繞的概念是透過一步步推進，你可以帶領人們走到他們無法一次抵達的地方。制定從 A 到 B 循序漸進的道路，是一種有效的影響力策略，因為每個小步驟都會為人們決定進行下一步建立起一個新的標準。讓人們共同診斷組織的問題也是一種纏繞形式。如果你盡早讓關鍵人物參與問題診斷，那他們就很難迴避日後做出艱難的決定。一旦對問題達成共識，你就可以開始定義選項和評估選項的標準。在這個流程結束後，人們往往就會願意接受他們一開始不會同意的結果。

由於纏繞可以產生強大的影響，因此在形勢往錯誤的方向發展之前，你要盡量去影響決策。透過主動提出並界

定問題,你便可以在組織中獲得影響力。正如我們前面提到的,組織中的決策過程就像一條河流:重大決策會受到早期流程強烈的影響,這些流程則會定義問題、確定替代方案並建立起評估成本和效益的標準。等到問題和選項確定好時,整條河流已經強勁地流動著,而且開闢了通往特定結果的道路。

排序正如我們在第三章中所探討的,代表一種策略性的順序安排,將人們朝著必要方向推動。[91] 如果你先接觸到正確的人,就可以建立起打造聯盟的良性循環。成功得到一位受人敬重的盟友,可以讓你更輕鬆地招募到其他盟友,你的資源基礎也會增加。有了更多支持後,你的目標成功的可能性就會增加,也更容易招攬到更多支持者。例如,根據對范豪恩影響力模式的評估,諾瓦克應該要先去找行銷部的關鍵人物,然後再去找產品研發副總裁大衛爭取他的支持。

---

91 See James K. Sebenius, "Sequencing to Build Coalitions: With Whom Should I Talk First?" in *Wise Choices: Decisions, Games, and Negotiations*, ed. Richard J. Zeckhauser, Ralph L. Keeney and James K. Sebenius, Harvard Business School Press, 1996.

更廣泛地來說，諾瓦克的排序計畫應該包括一系列深思熟慮的一對一談話和小組會議，為她的新協議創造出動力。這裡的重點是，她必須要找到正確的組合。一對一談話對於了解情況非常有效，例如能夠聽取人們的立場、透過提供新的或額外的資訊來建立他們的觀點，或者協調附帶的條件。通常，認真參與談判的人不會願意做出最終的讓步和承諾，除非他們面對面坐下來談話，而這就是小組會議派上用場的時候。

強制行動事件是讓人們不再拖延決策、推遲和避免承諾稀缺資源的方法。[92] 當你的成功需要協調許多人一起行動時，一個人的拖延可能會產生連鎖效應，給其他人藉口不繼續行動。因此，你必須消除不作為的選項。你可以設定一個迫使人們行動的事件，來誘導人們做出承諾或者採取行動。會議、檢討會、電話會議和設定最後期限，都有助於創造和維持動力，並增加堅持到底的心理壓力。

---

[92]「強制行動事件」（action-forcing events）一詞由麥克・瓦金斯在此篇文章中首次提出：Building Momentum in Negotiations: Time-related Costs and Action-forcing Events, *Negotiation Journal*, Volume 14, Issue 3, July 1998.

> 反思：對於你一直在分析的影響力挑戰，你能不能利用諮詢、框架化、社會壓力、塑造選擇、纏繞、排序和強制行動事件這七種策略，來實現你的目標？

情商的重要性

你的影響力在很大程度上取決於你的情商：跳出我們的目標和觀點的能力。它能讓我們設身處地為別人著想。情商較高的領導者更善於「讀懂」他人的情緒，這是產生社會影響力的基礎。你可以藉由閱讀他人的肢體語言、捕捉一個房間裡的氣氛和練習積極傾聽，來增強這樣的能力。這代表你有意識地理解言語所傳達的意義，而不僅僅是被動地聽見那些話語而已。

自我意識會幫助你管理自己的行為和情緒。你可以觀察自己的感受如何產生連鎖反應，以及這會對他人帶來什麼影響，並了解哪些人和他們的行為會刺激自己產生憤怒、惱怒或氣急敗壞的情緒反應，藉此來提高自我意識的等級。

其中一個培養情商的有效方法，是透過一種稱為「感

知位置」（perceptual positions）的練習。[93] 這代表在充滿挑戰的情況下，仍然有意識地採納與自己不同的觀點。當然，透過你的喜好與期望來看世界是很正常的，但這也意味著你可能會有盲點或偏見，導致你無法感知真正的問題，或找到更有建設性的方式來參與和解決問題。

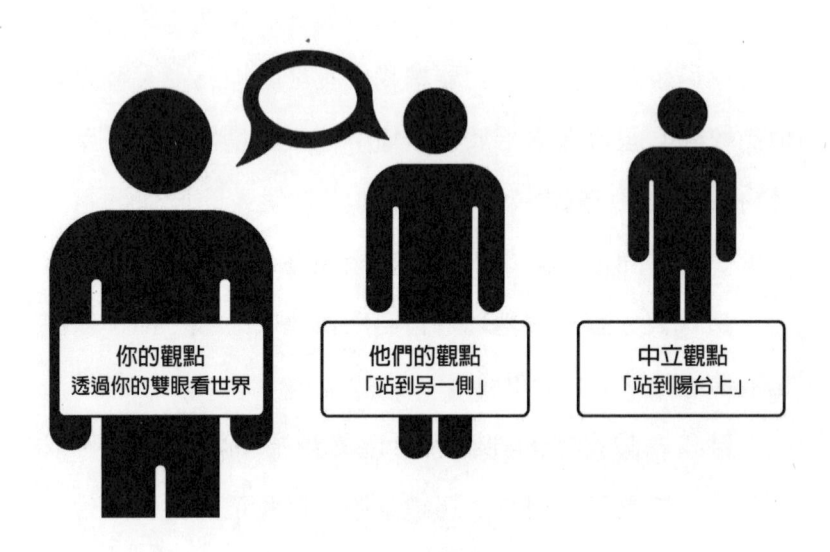

圖十七：感知位置

（你的觀點 透過你的雙眼看世界｜他們的觀點「站到另一側」｜中立觀點「站到陽台上」）

---

[93] 關於這個練習的更多資訊，請見：Trainers Toolbox, "Perceptual positions: powerful exercise to strengthen understanding and empathy", www.trainers-toolbox.com/perceptual-positions-powerful-exercise-to-strengthenunderstanding-and-empathy/, accessed 18 May 2023.

第一種方法，是努力透過其他人或相關人員的目光來看待眼前的情況。盡量透過你的想像來看待狀況。當你這麼做時，請記住，同理心與同情是不同的。理解他人的觀點並不意味著你需要放棄你正在嘗試的事情。但有更深入的了解總是沒有壞處的。

第二種方法，則是對正在發生的事情採取中立和冷靜的態度。問問你自己：沒有任何相關經歷或對這種情況沒有明確興趣的人，會如何看待和觀察眼前正在發生的事？如果要處理這種情況他們會給你什麼建議？

這項練習的目標是在三種觀點之間靈活轉換。從你如何看待情況開始，然後走到另一側，看看這樣會不會提供你新的見解或觀點。然後你可以走到陽台上，以中立的角度看待問題，看看這樣會不會揭露新的或不同的層次。最後，再回到你自己的觀點上，並探討你對情況的看法有沒有產生改變。

經過努力練習，感知位置可以增強你的情商，從而增強你運用情商和影響他人的能力。

訓練你的政治敏銳度

你可以有意識地從政治角度看待世界,藉此來發展你的政治敏銳度。花一點時間觀察並分析你組織內部的政治模式及外部環境。首先,你可以評估誰具有影響力。他們的目標和權力來源是什麼?他們是否擁有深厚的專業技術知識或取得資訊的能力?或者,他們是基於與關鍵決策者的接觸,還是與其他有影響力的參與者擁有聯盟關係?

然後,你可以試著使用前面討論過的影響力工具,例如框架化、塑造選擇和排序。問問自己,你要如何最清楚地表明你的論點,好吸引有影響力的參與者。你希望他們如何看待自己的選擇?與人們溝通的最佳順序是什麼,才能創造出動力?

最後,努力建立你的人脈。政治敏銳度通常與組織內外建立和運用關係網路的能力有關。把時間用來發展和加強你的人脈,並建立多元化的策略連結網路,可以讓你變得更有影響力。

總結

政治敏銳度可以幫助你駕馭和影響組織的政治布局。了解潛在的權力動態、不同利害關係人的目的和影響模式，你就可以藉此制定出更好的策略來建立聯盟，以達成你的目標。在組織中施加影響力的工具有很多，包括諮詢、框架化、社會壓力和排序等等。

政治敏銳度檢查表

1. 為了推進你的計畫，你需要在組織內外建立哪些最重要的聯盟？
2. 其他有影響力的參與者正在追求什麼目標？他們的目標在哪些方面可能與你的一致，又在哪些方面可能產生衝突？
3. 影響力如何在組織中發揮作用？在關鍵的問題上，誰會聽從誰的意見？
4. 關鍵人物的動機、推動他們的情境壓力、他們對自身選擇的看法分別是什麼？
5. 影響力策略的成功要素是什麼？你應該如何建構你

的論點?纏繞、排序和強制行動事件等影響力工具,對你有幫助嗎?

更多學習資源

- 《影響力》(*Influence: The Psychology of Persuasion*),羅伯特・席爾迪尼(Robert B. Cialdini)
- 《哈佛這樣教談判力》(*Getting to Yes: Negotiating an Agreement Without Giving In*),羅傑・費雪(Roger Fisher)、威廉・尤瑞(William Ury)和布魯斯・派頓(Bruce Patton)
- 《一開口,任何人都說好》(*Getting Past No: Negotiating with Difficult People*),威廉・尤瑞
- 《精進權力》(*7 Rules of Power: Surprising – but True – Advice on How to Get Things Done and Advance Your Career*),傑夫瑞・菲佛(Jeffrey Pfeffer)

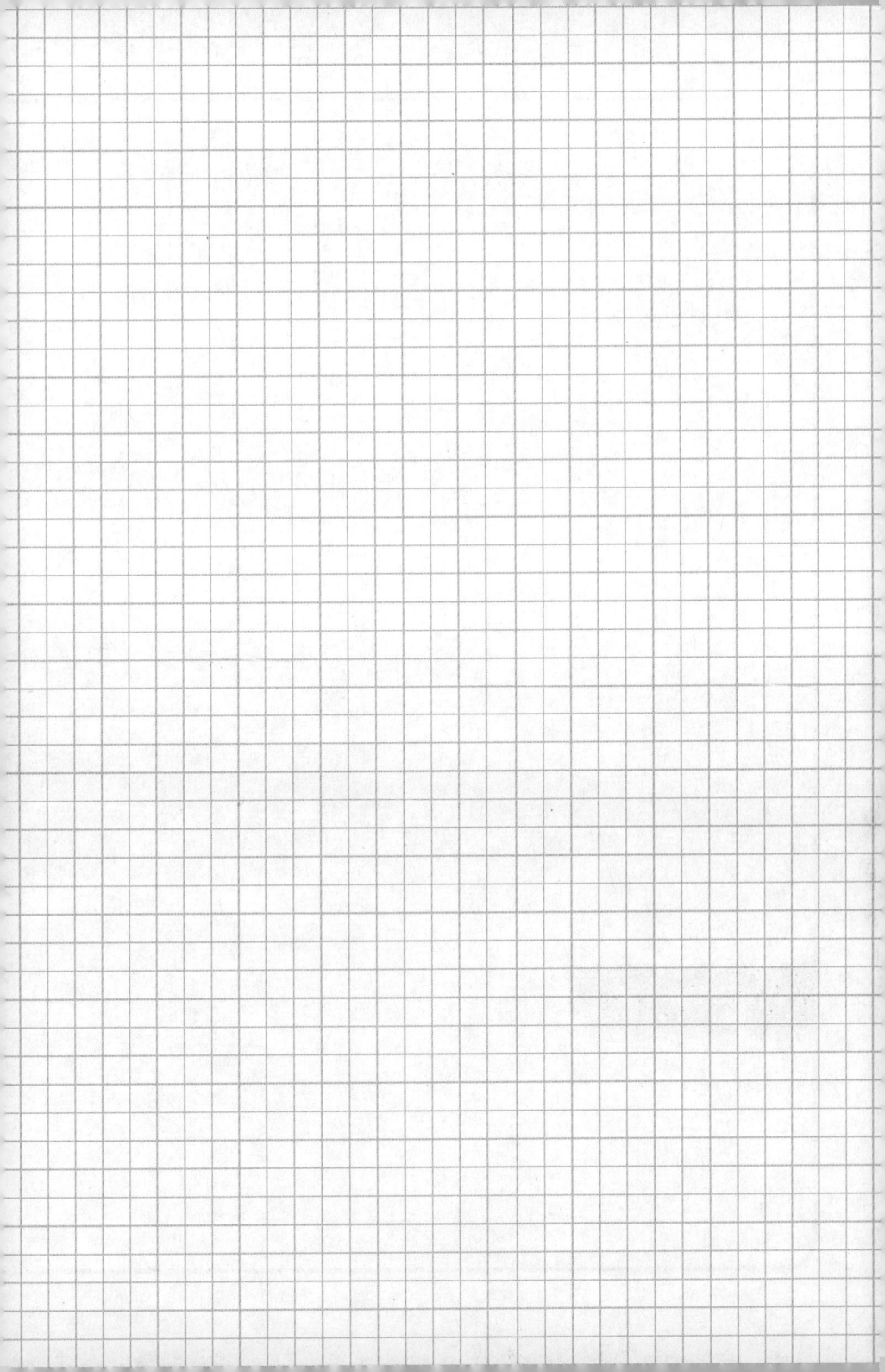

結論

培養你的策略思考能力

在序章中，我用以下的等式總結了企業領導者的策略思考能力：

$$策略思考能力＝天賦＋經驗＋訓練$$

你的天賦是由遺傳和成長經歷所建構而成的。經驗是指你參與能夠培養策略思考能力的情況，而理想情況下，你可以向更高階的領導者展示你的能力。訓練則是為了增強策略思考能力而進行的心智工作。

以定義而言，你身為策略思考者的天賦已經沒有什麼可以改變的部分，因此關鍵是讓自己變得更好，無論你的起點在哪裡。這代表你必須獲得經驗並訓練你的大腦。

獲得經驗（與曝光）

「重要的不是你認識誰，而是誰認識你」是建立人脈的基本原則。這也是策略思考的核心部分。僅僅成為一個強大的策略思考者還不夠，那些會影響你職涯軌跡的人，例如你的老闆、其他高階領導者、人資和人才發展主管，都需要看到你有能力和潛力。

許多領導者仍在為此苦苦掙扎,因為他們並沒有機會展現他們的策略思考能力。為了提高你的知名度,無論你現在擔任著什麼角色,你都應該這麼做[94]:

- **表現出你看見全局**:讓其他人看見你對組織的背景和挑戰有深入的了解。藉此機會將眼前問題的討論與大局連結起來。
- **展現你是批判性思考者**:總是努力將你的論點建立在可靠的分析基礎上,並展現出你是如何得出結論的。無論是書面或口頭上,都應該力求簡潔、講求邏輯地進行溝通。
- **擁有觀點**:在每次討論策略性問題之前,你都要花一點時間回顧關鍵主題和分析。思考你可以貢獻的具體見解,或是你可以提出的問題。
- **突顯你觀察趨勢和展望潛在未來的能力**:讓其他人看到你已經在關注相關的趨勢。表現出你可以跳出現況並預見未來可能會如何發展。
- **說話時像個策略思考者**:使用可以突顯你的策略思

---

[94] 其中一些建議改編自 Nina A. Bowman, "How to Demonstrate Your Strategic Thinking Skills", *Harvard Business Review*, 23 September 2019.

考能力的用字遣詞,例如「策略目標」、「根本原因」和「競爭性反應」。
- **參與具有建設性的挑戰**:提出尖銳的問題,但不要造成干擾或不尊重。表現出你不會只看表面,並且能夠思考一些「步驟」來探討事情可能的發展。
- **不要重複問題,要重新建構它們**:找出定義問題和潛在解決方案的新方法。謹慎觀察機會來展現你具有從多個角度看待事物的認知彈性。

訓練你的大腦

在序章中,我將策略思考定義為「一組心理修練,領導者藉此來辨認潛在威脅與機會、建立關注的優先順序,推動自己與組織預見可行的方向,並往該方向前進」。我也列出了共同奠定策略思考基礎的六項心理修練:模式辨認、系統分析、思維敏捷性、結構化解決問題、願景規劃和政治敏銳度。

你可以提升你的腦力來發展這六種能力,因為神經具有可塑性。直到 1990 年代末,科學家們仍然認為,人類的大腦在幼兒期後,就會保持相對靜止的狀態。但後來的

研究證明，大腦具有神奇的能力，只要受到特定方式的刺激，就能不斷形成和重組處理訊息的神經通路和連結。[95] 發展策略思考能力的意思是，如果你有紀律地做正確的心理訓練，你一定會進步。接下來，我針對六項修練中的每一項都做出了總結。你可以定期進行這些訓練，來制定屬於你自己的策略思考訓練計畫。

培養模式辨認能力

模式辨認是人腦辨認和檢查我們周圍世界的規律或模式的能力。在商業領域中，模式辨認則是指觀察公司營運時充滿複雜性、不確定性、易變性與模糊性的領域，並找出潛在威脅和機會的能力。

要發展你的模式辨認能力，請專注在以下這幾點：

- **了解基本機制**：了解人類模式辨認的基本原理和機制，可以幫助你認識大腦是如何處理和辨認模式

---

[95] Dana Asby, "Why Early Intervention is Important: Neuroplasticity in Early Childhood", Center for Educational Improvement, edimprovement.org/post/why-early-intervention-is-important-neuroplasticity-in-earlychildhood, 9 July 2018.

的。這會為你提供加強模式辨認能力的策略。
- **沉浸式學習**：如果你投入在自己感興趣的特定領域中學習，你的模式辨認能力就會提升。試著找出推動改變的關鍵變數，並辨認這些領域的趨勢。培養你對事物運作方式的好奇心。
- **與專家接觸**：尋找已經在你所感興趣的領域深耕的人。請他們協助你了解如何將訊號與雜訊分開，並辨認出最重要的模式。

培養系統分析能力

系統分析能力是指在複雜領域內建立簡化的思維模型的能力。它的重點在於系統元素之間的連結和交互影響，而不是把它們視為孤立的個別零件。

要培養你的系統分析能力，請專注在以下幾點：

- **理解系統分析的原理**：為了有效率地思考複雜的系統，充分理解基本概念及它的應用方式會很有幫助。你可以透過閱讀書籍和文章、參加研討會或培訓計畫，以及與經驗豐富的系統思考者合作來加強。

- **練習分析和思考系統**：和許多其他技能一樣，系統思考是可以透過練習來加強的。你越常練習從系統的角度看待世界，就會變得越得心應手。你可以將系統思考應用在現實世界的問題上，或者進行案例研究和模擬。

培養思維敏捷性

思維敏捷性可以讓你從多個角度看待狀況、思考潛在的情景，並預測行動和反應。它能使你跳出眼前的情況，思考不同的行動方針會帶來哪些長期影響。

你可以藉由以下方法來發展思維敏捷性：

- **練習層次轉換**：有意識地將你的視角從大局轉移到細節，然後再轉移回來。如果你發現自己局限在細節裡，請試著提高你的視角。如果你被困在大局裡，請訓練自己回到地面。
- **參與培養玩遊戲能力的活動**：許多活動和遊戲都有助提升思維敏捷性，例如西洋棋、拼圖和腦筋急轉彎，這些活動都可以提升思考行動和對策的能力。

培養結構化解決問題的能力

結構化解決問題的能力可以把分析問題的過程分解為一個個分離的步驟,例如辨認關鍵利害關係人、界定問題、探索潛在解決方案、評估和選擇最佳行動,以及執行解決方案。

你可以採取以下步驟來發展結構化解決問題的能力:

- **了解結構化解決問題的原則:** 想要更擅長以結構化的方式解決問題,你就必須知道它的基本原則,例如流程中的步驟、工具、每個步驟中需要使用的技術,以及常見的陷阱和挑戰。
- **練習結構化解決問題:** 與其他策略思考的修練一樣,結構化解決問題的能力也會隨著你的運用而提升。你練習的次數越多,就會做得越好。你也許需要解決各種問題,並尋求其他人的回饋和指導。

培養願景規劃的能力

願景規劃是為組織的未來創造有說服力和鼓舞人心的

景象,並把它傳達出去,好帶領和激勵他人。願景是對組織未來發展方向既清晰又勵志的圖像。它能為組織及其中的成員提供方向感和目的感。

你可以透過以下的方式來提升願景規劃的能力:

- **了解有效願景的原則**:想要更懂得願景規劃,你需要先深入了解它的基本原則,例如願景在領導力中的作用、令人信服的願景有哪些特徵,以及實現願景的過程。透過化繁為簡來發展和傳達願景。
- **練習微觀願景**:找出可以練習願景規劃技能的問題、議題或情境的所有小例子。當你看到這樣的機會時,請想想你可以做些什麼來大幅改善眼前的情況。例如,利用第五章中提到的「建築師的練習」來想像如何以不同的方式布置房間或房屋。

培養政治敏銳度

政治敏銳度是駕馭和影響組織內外政治布局的能力。為此,你必須了解不同利害關係人的動機和利益,並透過以下方式畫出關係網路,再制定影響策略:

- **觀察和分析政治布局**：透過政治視角來檢視你的組織或外部環境。把重點放在辨認利害關係人身上，並評估他們的目標與利益。
- **試著了解權力和影響力的動態**：找出誰擁有權力，這些人為什麼有權力，誰又會影響誰，以及為什麼會有影響。

除了六項修練的建議之外，你還可以養成一些更平常的習慣，來增強你的策略思考能力：

- **反思和評估想法**：花一點時間定期反思你的進步，並評估你在哪些方面做得好，哪些方面需要改進。這可以幫助你找出重點在哪裡，方便你繼續發展成策略思考者。
- **尋求回饋和建議**：要成為更好的策略思考者，請系統化地尋求其他人（例如導師、同儕或專家）的意見。他們可以提供有價值的觀點和見解，幫助你提升策略思考的能力。

打造策略思考團隊

在整本書中，我一直都專注在培養個人的策略思考能力，尤其是像你這樣的商業領導者。但現實是，商業中的許多策略思考都是在團隊中進行的。因此，你必須專注在培養團隊的策略思考能力上。

想做到這一點，你首先要幫助你的團隊了解策略思考是什麼。再來，你們要專注在學習「辨認―排序―行動」循環（圖一），共同評估你們的效率，以及如何縮短流程時間。

接著，你要介紹本書的六項修練（也許可以在不同場會議中），詳細探討每項原則是什麼、為什麼很重要，以及該如何培養。如果想避免被人認為你有私心，讓你的團隊成員與你一起閱讀並討論這本書是個好方法。

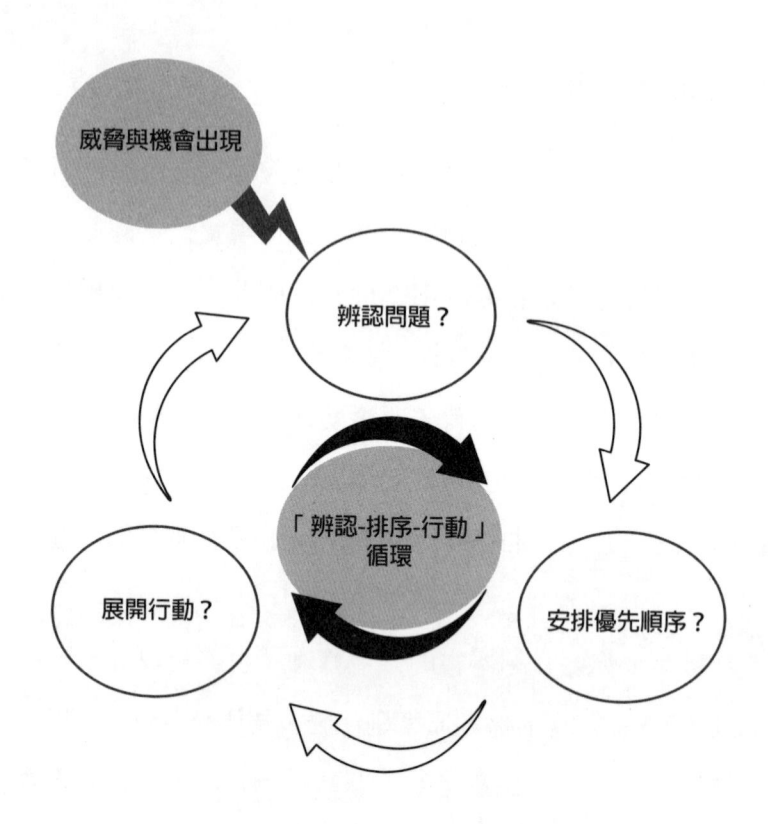

圖一：「辨認－排序－行動」（RPM）循環

除此之外，你還可以透過以下策略來培養團隊的策略思考能力：

- **鼓勵策略思考的文化**：透過在團隊成員中樹立榜樣、認可和獎勵策略思考，專注打造重視和鼓勵策

略思考的文化。

- **提供發展機會**：探索你能不能提供團隊成員培訓和發展的機會，以提升他們的策略思考能力。這可能包含了工作坊、研討會、指導計畫以及向特定領域專家學習的機會。

- **促進合作**：你可以鼓勵團隊成員分享想法，以拓展他們的觀點，並培養他們的模式辨認能力。你可以在定期團隊會議中投入一些時間，為團隊成員提供一起處理特定專案的機會。

- **投資「行動學習」**：你可以為團隊成員提供資源和支援來促進學習，藉此測試新想法並以結構化的方式解決問題。也許你可以使用第四章中描述的方法。你也可以提供實驗預算、專注於創新的時間，以及讓團隊成員從失敗與成功中學習的機會。

了解策略思考的未來

策略思考一直都是企業領導者的基本能力，但在未來，它可能會變得更加重要。這是因為商業環境變得日漸複雜、不確定、波動與模糊。在這種環境中，你的策略思

考能力會為你的組織帶來長久的競爭優勢。

培養策略思考能力，能幫助你有效地預測和應對外部環境的變化，例如技術的進步、不斷變化的市場條件和新的競爭。它也能幫助你了解組織的優勢和劣勢、分配資源、確定計畫的優先順序，並更有效地進行權衡。

此外，策略思考可以幫助你應對變得越發重要的創新性。你需要策略性地思考如何創新和打造新產品、服務與商業模式，好讓你的事業保持競爭力。要成功，你必須具備創造性思考能力，並願意承擔經過計算的風險。

使策略思考變得更加重要的另一個原因，是數據和分析的重要性日益增加。你需要從策略角度去思考如何收集、分析和使用數據，以做出明智的決策。這需要你進行批判性和分析性思考，還要能自如地使用數據和人工智慧工具。

最後，隨著世界變得越來越相互連結，策略思考將變得越來越重要。你需要策略思考來應對全球商業環境的複雜性，並與主要合作夥伴和利害關係人建立與維繫關係。

致謝

這本書是與塞巴斯提安‧莫瑞（Sebastian Murray）一起合作的成果，他是一位才華橫溢的研究員、作家和編輯。塞巴做了許多背景研究、起草了幾個章節的初始版本，又幫我編輯了手稿，做出了巨大的貢獻。我非常感謝他在整個寫作過程中的洞察力和支持。

露西‧奧茨（Lucy Oates）是我在英國企鵝蘭登書屋的編輯，委託我來寫下這本書。她在商業書市場中看到了一個機會，讓我們可以用認真但簡單的方式來看待策略思考。當她詢問我願不願意接下這個計畫時，我非常樂意。我也非常感謝她的繼任者潔拉丁‧科拉德（Géraldine Collard）和她的團隊，在整個寫作和編輯過程中給予我的支持。

我也要感謝哈珀商業出版（Harper Business）的霍莉斯‧海姆布奇（Hollis Heimbouch）。霍莉斯看到了這本書的潛力，並承諾她和她的團隊會在北美支持這本書。

在本書的序章與後續章節中，有許多策略思考的案例都介紹了吉恩・伍茲的故事，以及他成為美國前幾大非營利醫療保健系統 Advocate Health 執行長的歷程。我與吉恩共事了七年多，我很榮幸能夠支持他。他是我所認識的人當中最偉大的策略思考者之一，也是一位世界級的執行長。我非常感謝他願意讓我分享他的故事。

　　在本書進行的研究中，包括了對五十幾位高階主管的採訪，他們的見解和引述貫穿了全文。我非常感謝他們願意分享自身的經驗。特別感謝賽默飛世爾科技製藥服務集團的副總裁卡米洛・科沃斯（Camilo Cobos）花了大量時間和我一起探討策略思考的主題。

　　三十幾年前，當我在哈佛大學和哈佛商學院獲得決策科學的博士學位時，我對策略思考產生了濃厚的興趣。我的論文指導教授是豪爾・拉法（Howard Raiffa），他是賽局理論、決策論和談判理論中關鍵概念的開發者。他激發了我對「遊戲與決策」的興趣，並教會我如何在整個職業生涯中運用本書第三章所介紹的策略思考框架與工具。

　　我很幸運能夠擁有優秀的同事，他們的工作對探討策略思考做出了重大的貢獻。我要特別感謝阿密特・穆克吉和阿爾布雷特・恩德斯的貢獻。本書第二章的後半部分就

是基於我和阿密特在設計適應性組織和所謂的「四輪驅動模型」時所做的工作。在本書其他地方，我也提到了阿密特在他的暢銷書籍《蜘蛛的策略》(*The Spiders' Strategy*)和《在數位世界帶團隊》中提出的重要概念。

本書第四章所探討的結構化解決問題是受到阿爾布雷特・恩德斯和阿諾・謝瓦里耶合著的優秀著作《複雜問題簡單解決》中的研究和實踐的啟發。阿爾布雷特和我共同指導國際管理發展學院的商業領導轉型課程，我因而結識了最好的同事和朋友。看著阿布雷希教導大家結構化解決問題的力量，並幫助領導者解決複雜的組織問題，我堅信這是策略思考的關鍵要素；阿布雷希提出的「英雄—尋寶—龍」比喻也是組織流程時令人印象深刻且極具價值的方法。

多虧國際管理發展學院提供研究經費，本書的研究和撰寫才有機會實現。我十分感謝那裡的研究支援人員，特別是塞德里克・沃徹（Cédric Vaucher），感謝他們確保我獲得需要的資源。我很感謝國際管理發展學院的院長尚－弗朗索瓦・曼佐尼（Jean-Francois Manzoni）和研究院長阿南德・納拉辛漢（Anand Narasimhan）的支持與鼓勵。

我非常感謝李奇・華茲（Rich Wetzler）和我的顧問公

司創世紀顧問公司（Genesis Advisers）團隊的支持，感謝他們在多年來的研究和寫作過程中給予的耐心和鼓勵。

最後，這本書獻給我的妻子卡蒂亞・弗拉科斯（Katia Vlachos）。當我第一次接到這個計畫的邀請時，卡蒂亞就鼓勵我接受。我對開始一項新事物總是心存疑慮，而她幫助我發現自己可以也應該這麼做。我有時會在計畫中遇到困難，她也是個堅定的支持者。沒有她的支持，這本書就永遠不會寫成，我非常感謝她。

RI 388

策略思考的 6 項修練：培養越級思考能力，全面性觀察，提前找出並解決上游問題，用更少時間完成更多目標
The Six Disciplines of Strategic Thinking: Leading Your Organization into the Future

作　　者	麥克・瓦金斯（Michael D. Watkins）
譯　　者	曾倚華
責任編輯	林子鈺
封面設計	林政嘉
內頁排版	賴姵均
企　　劃	陳玟璇

發 行 人	朱凱蕾
出　　版	英屬維京群島商高寶國際有限公司台灣分公司 Global Group Holdings, Ltd.
地　　址	台北市內湖區洲子街 88 號 3 樓
網　　址	gobooks.com.tw
電　　話	（02）27992788
電　　郵	readers@gobooks.com.tw（讀者服務部）
傳　　真	出版部（02）27990909　行銷部（02）27993088
郵政劃撥	19394552
戶　　名	英屬維京群島商高寶國際有限公司台灣分公司
發　　行	英屬維京群島商高寶國際有限公司台灣分公司
法律顧問	永然聯合法律事務所
初版日期	2024 年 08 月

Copyright © Michael D. Watkins, 2024
First published as THE SIX DISCIPLINES OF STRATEGIC THINKING: LEADING YOUR ORGANIZATION INTO THE FUTURE in 2024 by Ebury Edge, an imprint of Ebury. Ebury is part of the Penguin Random House group of companies.
This edition arranged with Ebury Publishing
through BIG APPLE AGENCY, INC., LABUAN, MALAYSIA.

國家圖書館出版品預行編目（CIP）資料

策略思考的 6 項修練：培養越級思考能力，全面性觀察，提前找出並解決上游問題，用更少時間完成更多目標 / 麥克.瓦金斯 (Michael D. Watkins) 著；曾倚華譯. -- 初版. -- 臺北市：英屬維京群島商高寶國際有限公司臺灣分公司, 2024.08
　　面；　　公分 .--（致富館；RI 388）
譯自：The six disciplines of strategic thinking : leading your organization into the future.
ISBN 978-626-402-040-4(平裝)

1.CST: 企業領導　2.CST: 思維方法　3.CST: 領導理論　4.CST: 職場成功法

凡本著作任何圖片、文字及其他內容，
未經本公司同意授權者，
均不得擅自重製、仿製或以其他方法加以侵害，
如一經查獲，必定追究到底，絕不寬貸。
版權所有　翻印必究